工程力学
学习指导与能力训练

主编　沈火明

参编　朱国权　郭春华　徐淑娟

　　　王　伟　古　滨

西南交通大学出版社

·成都·

图书在版编目（ＣＩＰ）数据

工程力学学习指导与能力训练 / 沈火明主编 . —成都：西南交通大学出版社，2011.4（2016.1 重印）
ISBN 978-7-5643-1055-4

Ⅰ . ①工… Ⅱ . ①沈… Ⅲ . ①工程力学 – 高等学校 – 教学参考资料　Ⅳ . ①TB12

中国版本图书馆 CIP 数据核字（2011）第 013424 号

工程力学学习指导与能力训练

沈火明　主编

责 任 编 辑	孟苏成
特 邀 编 辑	杨　勇
封 面 设 计	本格设计
出 版 发 行	西南交通大学出版社 （四川省成都市二环路北一段 111 号 西南交通大学创新大厦 21 楼）
发行部电话	028-87600564　87600533
邮 政 编 码	610031
网　　　址	http://www.xnjdcbs.com
印　　　刷	四川森林印务有限责任公司
成 品 尺 寸	170 mm×230 mm
印　　　张	18
字　　　数	321 千字
版　　　次	2011 年 4 月第 1 版
印　　　次	2016 年 1 月第 2 次
书　　　号	ISBN 978-7-5643-1055-4
定　　　价	35.00 元

前 言

在工科院校中工程力学是一门理论性强而又与工程实践密切相关的课程。目前的工程力学教材有两种，一种是包含了理论力学的静力学和材料力学主要内容的教材，一种是包含了理论力学和材料力学全部内容的教材。不管是哪种教材，考虑到篇幅，一般例题不多，思考题则更少。教师要想搞好教学或学生要学好课程，必须要有足够数量的启发式的例题和概念性较强的思考题，特别是和工程紧密结合的例题、习题，包括力学建模分析等。在长期的教学过程中，我们积累了很多的素材，在参考了相关教材的基础上，编写了这本指导书。

本书是工科专业的工程力学、理论力学和材料力学的辅导性读物，它可供统招本专科生，成人教育、网络教育本专科生及考研人员学习、复习工程力学、理论力学、材料力学时参考，亦可供工程技术人员参考。

全书共分13章，前12章每章分为内容提要、典型题精解、自测题三部分，第13章为综合自测题。

每章的内容提要部分，指出了本章需要读者掌握的知识点，包括基本概念、基本内容和基本方法，并对学习难点进行了剖析，以起到帮助读者复习和总结的作用。

典型题精解部分，精选了大量具有代表性的例子，并进行详细的解答。通过典型例题的分析讲解，以加深读者对基本理论和基本概念的理解和掌握。

自测题和模拟试题则使读者通过练习起到全面巩固和提高的作用。模拟题还给出了详细的解答。

本书由西南交通大学沈火明教授主编。参加编写的有沈火明老师（第1~6章，工程力学模拟试题）、西南科技大学朱国权老师（第7~10章）、成都理工大学郭春华老师（工程力学自测题1~10）、浙江师范大学徐淑娟老师（第11章）、西北工业大学王伟博士（第12章）、西华大学古滨老师（部分自测题）。全书最终由沈火明、徐淑娟统稿、定稿。研究生王亦恩也参与了本书的部分编撰工作。

本书的策划和编写工作得到了西南交通大学工程力学国家级教学团队建设项目、西南交通大学工程力学国家级精品课程建设项目的资助，在此表示感谢。

限于作者的水平，书中不足及疏漏之处，恳请读者批评指正。

编　者

2010 年 9 月

目　录

第1章
静力学基础

1.1　内容提要

1.1.1　静力学基本概念

1. 刚　体

任何情况下都不会发生变形的物体称为刚体。刚体是力学中的一种理想化模型。

2. 力和力系

力是物体间相互的机械作用，这种作用使物体的形状和运动状态发生改变。力的三要素：大小、方向和作用点。

作用在物体上的若干个力总称为力系。

3. 平　衡

所谓物体的平衡，工程上一般是指物体相对于惯性参考系静止或做匀速直线运动的状态。作用于物体上正好使之保持平衡的力系称为平衡力系。

4. 等效力系

作用于物体且效应（外效应或内效应）相同的力系称为等效力系。

1.1.2 静力学公理

1. 二力平衡公理

作用于刚体上的两个力，使刚体处于平衡状态的充分与必要条件是：这两个力大小相等，方向相反，且作用在同一直线上。

2. 加减平衡力系公理

在作用于刚体上的已知力系中，加上或减去任一平衡力系，并不改变原力系对刚体的作用效应。

3. 力的平行四边形法则

作用于物体上同一点的两个力，其合力也作用在该点上，至于合力的大小和方向则由以这两个力为边所构成的平行四边形的对角线来表示，而该两个力称为合力的分力。

4. 作用与反作用定律

两物体间相互作用的力总是等值、反向、共线且分别作用在这两个物体上。

5. 刚化原理

变形体在某一力系作用下处于平衡状态，如果将此变形体刚化为刚体，其平衡状态保持不变。

1.1.3 推 理

1. 力的可传性原理

作用于刚体上的力，其作用点可以沿作用线移动而不改变它对该刚体的作用效应。

2. 三力平衡汇交定理

若刚体受三个力作用而处于平衡，且其中两个力的作用线汇交于一点，则第三个力的作用线也必定汇交于同一点，且共面。

1.1.4 约束、约束反力及常见的约束类型

1. 约　束

限制物体运动的条件称为约束。

2. 约束反力

约束对被约束物体的反作用力称为约束反力。

3. 常见的约束类型

常见的约束类型有：柔体约束；光滑的点、线、面约束；光滑铰链约束；轴承约束；固定端约束。

1.1.5 物体的受力图

物体的受力图是指表示物体所受全部外力（包括主动力和约束反力）的简图。受力图是求解静力学问题的依据。

1.1.6 受力分析的基本步骤及注意事项

（1）明确研究对象，将研究对象从它周围物体的约束中分离出来，单独画出其简图。

（2）画出研究对象所受的一切主动力和约束反力。

（3）约束反力要符合约束的类型及其性质。

（4）当分别画两个相互作用物体的受力图时，要注意作用力和反作用力之间的关系。

（5）通常应先找出二力构件，画出它的受力图，然后再画其他物体的受力图。

1.2　典型题精解

【例 1.1】　如图 1.1 所示，试分别画出图 1.1（a）、（b）、（c）中各物体的受力图。

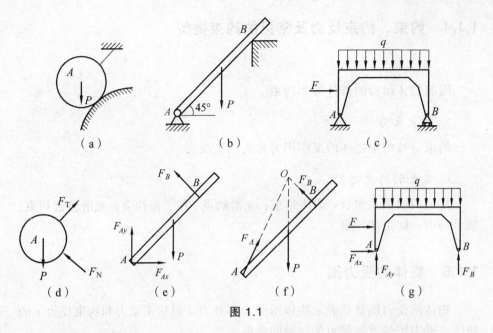

图 1.1

解：（1）对图 1.1（a），取圆盘为研究对象，其受到的约束为柔体约束和光滑接触点约束。对柔体约束，其约束反力方向背离物体沿着柔体方向；对光滑接触点约束，其约束反力方向沿接触面公法线方向。其受力图如图 1.1（d）所示。

（2）对图 1.1（b），取杆 AB 为研究对象，A 端为固定铰支座约束，B 点为光滑接触点约束。对固定铰支座约束，其约束反力可分解成两个正交的分力表示，一般分解成水平方向和竖直方向；对光滑接触点约束，约束反力方向沿着接触面公法线方向。其受力图如图 1.1（e）所示。

图 1.1（b）AB 杆的受力图也可利用三力平衡汇交定理来确定 A 点约束反力合力的方向。重力 **P** 和 B 点的约束反力方向能够确定，其作用线的延长线相交于一点，由于结构处于平衡状态，故 A 点约束反力作用线的延长线也必过该点，其受力图如图 1.1（f）所示。

（3）对图 1.1（c），取拱架 AB 为研究对象。拱架 AB 上受到一荷载集度为 q 的均布荷载和集中力 **F** 的作用。A 端为固定铰支座约束，其约束反力可用水平和竖直方向的两个正交分力来表示；B 端为活动铰支座约束，其约束反力方向垂直于活动铰支座所接触的平面。其受力图如图 1.1（g）所示。

【例 1.2】 画出图 1.2 中杆件 AB 的受力图。

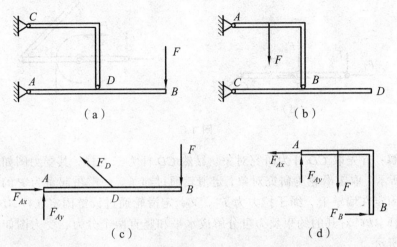

图 1.2

解：（1）对图 1.2（a），由于折杆 CD 两端均为铰链支座，且受力只有 C、D 两处，故 CD 杆为二力杆，其受到的约束反力方向必然在 C、D 的连线上。现取 AB 为研究对象，先由 CD 为二力杆确定 D 点受到的约束反力方向，对于 A 点固定铰支座，若用两分力来表示约束反力的方向，则受力图如图 1.2（c）所示。A 处约束反力也用根据三力平衡汇交定理来确定。

（2）图 1.2（b）中，杆 CD 在 C、B 处均为铰链约束，也只在 C、B 处受到有约束反力，故杆 CD 是二力杆，受到的约束反力必然在 C、D 的连线上，这样可确定 AB 杆在 B 点的约束反力方向。A 为固定铰支座，则 AB 杆受力图如图 1.2（d）所示。A 处约束反力同样也可用三力平衡汇交定理来确定。

提示：能否正确判断二力杆是本题画受力图的关键。

【例 1.3】 画出图 1.3（a）所示各构件及整个系统的受力图。

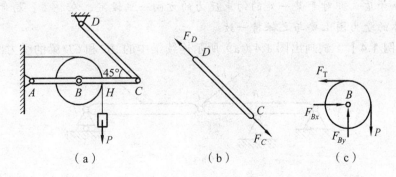

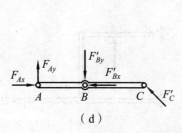

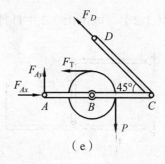

（d）　　　　　　　　　　（e）

图 1.3

解：首先取 CD 杆为研究对象。显然 CD 杆为二力杆，其受力图如图 1.3（b）所示。取定滑轮为研究对象，定滑轮通过绳子，一端吊起重为 P 的重物，一端固定在墙壁上，绳子拉力为 F_T。又，定滑轮通过铰链固定在杆 ABC 上，受到杆 ABC 对其的约束反力可分解成水平和竖直两个分力，受力图如图 1.3（c）所示。

对于杆 ABC，在 C 端受到杆 CD 的反作用力 F'_C 的作用，在 B 点受到定滑轮的反作用力 F'_{Bx} 和 F'_{By} 的作用，A 端由于是固定铰支座，故分解成水平和竖直方向两分力，其受力图如图 1.3（d）所示。

最后取整个系统为研究对象，先画主动力，再画约束反力。其受力图如图 1.3（e）所示。

注意：

（1）在画局部与整体的受力图中，一定要注意作用力与反作用力，不能多画与漏画，并注意相互作用力符号的表示方法。

（2）分离体内各部分之间的相互作用力，称为内力。分离体外的其他物体对分离体的作用力，称为外力。受力图上只画内力，不画外力。内力与外力的区分是相对的，根据研究对象选择的不同而改变。

（3）同一系统各研究对象的受力图必须整体与局部一致，相互协调，不能相互矛盾。即对于某一处的约束反力的方向一旦设定，在整体、局部或单个物体的受力图上要与之保持一致。

【例 1.4】　试画出图 1.4（a）所示连续梁中的 AC 和 CD 梁的受力图。

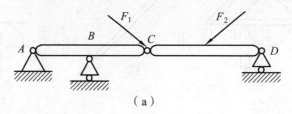

（a）

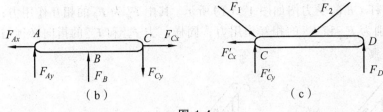

图 1.4

解： 由于铰 C 作用一集中力 F_1，故把铰 C 放在 CD 杆一起作为研究对象考虑。则在 AC 杆受到铰链 C、活动铰支座 B 和固定铰支座 A 对其的约束反力，受力图如图 1.4（b）所示。

现考虑 CD 杆（含铰链 C），CD 杆除了受到主动力 F_1 和 F_2 的作用，还受到 D 端活动铰支座和 AC 杆对其反作用力的作用。受力图如图 1.4（c）所示。

注意： 该题的铰链 C 也可包含在杆 AC 中考虑，请读者试作其受力图。若包含在杆 AC 中考虑，就不能再把铰链 C 和 CD 杆一起考虑。当然，也可以把铰链 C 单独隔离出来作其受力图，此时，AC 杆和 CD 杆的受力图均不包含铰链 C。

【例 1.5】 图 1.5（a）所示的物体系由 AB、CD 和 CE 三根杆彼此铰接组成。D 和 E 为固定铰支座，A 和 C 为铰链连接。销钉 F 固定在杆 AB 上，它可沿杆 CE 上的直槽滑动。如果在杆端 B 作用力 F，不计各物体的重量和摩擦，分别画出整个物体系、杆 AB、杆 CD、杆 CE 的受力图。

解： 取整体为研究对象，在受力图中不画物体系内 A、C 和 F 相互作用的内力，只画物体系所受到的外力，其受力图如图 1.5（b）所示。其中，力 F 为主动力，F_{Dx}、F_{Dy} 和 F_{Ex}、F_{Ey} 分别为固定铰链支座 D 和 E 的两个正交分力。

取 AB 为研究对象，受力如图 1.5（c）所示。其中，F 为主动力，F_F 是光滑直槽对销钉 F 的约束力，力 F_F 垂直于直槽；F_{Ax} 和 F_{Ay} 为铰链 A 的两个正交约束分力。也可根据三力平衡汇交定理确定约束力 F_A 的方向，如图 1.5（d）所示。图 1.5（d）中计算约束力 F_A 的方向有时比较麻烦，在复杂物体系中一般采用图 1.5（c）便于计算。

杆 CD 在 C、A、D 三处分别受两个正交分力作用，如图 1.5（e）所示。其中 F'_{Ax} 和 F'_{Ay} 分别为 F_{Ax} 和 F_{Ay} 的相互作用力（依据图 1.5（c）），它们大小相等，方向相反，也可根据图 1.5（d）来确定。固定铰链支座 D 的约束力 F_{Dx} 和 F_{Dy} 的方向必须与图 1.5（b）一致；铰链 C 的约束力按铰链约束给出，用 F_{Cx} 和 F_{Cy} 表示。

槽杆 CE 的受力图如图 1.5(f)所示。其中 F_F' 为 F_F 的相互作用力；F_{Cx}' 和 F_{Cy}' 分别为 F_{Cx} 和 F_{Cy} 的相互作用力；同样，力 F_{Ex} 和 F_{Ey} 的指向必须与图 1.5(b)一致。

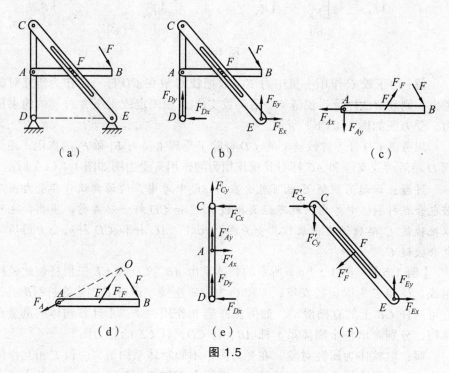

图 1.5

1.3 自测题

一、是非题

1.1 凡是合力都比分力要大。（　　　）

1.2 凡两端用铰链连接的杆都是二力杆，凡不计自重的刚杆都是二力杆。（　　　）

1.3 若作用于刚体上的三个力共面且汇交于一点，则刚体一定平衡。（　　　）

1.4 若作用于刚体上的三个力共面，但不汇交于一点，则刚体一定不平衡。（　　　）

1.5 物体能不能视为刚体，取决于（　　）。

A. 物体是否坚硬　　　　　　B. 变形是否微小

C. 物体的大小　　　　　　　D. 是否研究物体的变形

1.6 对桥梁进行静力分析时，其计算简图一端约束简化为固定铰支座，另一端约束可简化为（　　）。

A. 固定端　　　　　　　　　B. 固定铰支座

C. 活动铰支座　　　　　　　D. 柔体

三、问答题

1.7 二力平衡条件与作用和反作用定律都是说二力等值、反向、共线，两者有什么区别？

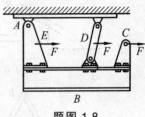

1.8 图中刚性构件 ABC 由销钉 A 和拉杆 D 所悬挂，在构件的 C 点作用有一水平力 F。如果将力 F 沿其作用线移至 D 点或 E 点处，如图所示，请问是否会改变销钉 A 和 D 杆的受力？

题图 1.8

四、受力分析题

1.9 图示中各物体的受力图是否有错误？如何改正？

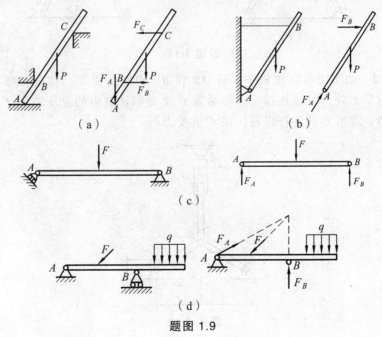

（a）　　　　　　　　　　（b）

（c）

（d）

题图 1.9

1.10 在图示的平面系统中，匀质球 A 重为 P，借本身重力和摩擦不计的理想滑轮 C 和柔绳维持在仰角是 θ 的光滑斜面上，绳的一端挂着重为 Q 的物体 B。试分析物体 B、球 A 和滑轮 C 的受力情况，并分别画出平衡时各物体的受力图。

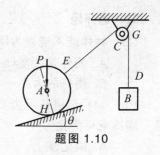

题图 1.10

1.11 画出图中各构件的受力图。未标明自重的杆，不计重力。

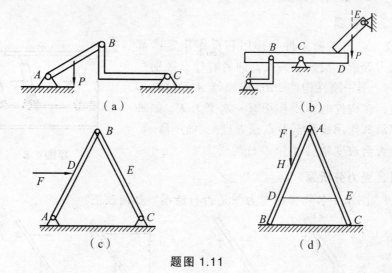

（a） （b）

（c） （d）

题图 1.11

1.12 如图所示压榨机中，杆 AB 和 BC 的长度相等，自重忽略不计。A、B、C、E 处为铰链连接。已知活塞 D 上受到油缸内的总压力为 F。试画出杆 AB、活塞 D 和连杆以及压块 C 的受力图。

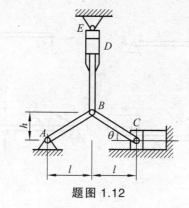

题图 1.12

1.13　画出图示各构件的受力图。

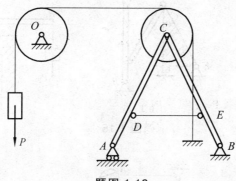

题图 1.13

1.14　如图所示，重物重为 **P** ，用钢丝绳挂在支架的滑轮 B 上，钢丝绳的另一端绕在铰车 D 上。杆 AB 与 BC 铰接，并以铰链 A、C 与墙连接。如两杆与滑轮的自重不计并忽略摩擦和滑轮的大小，试画出杆 AB 和 BC 以及滑轮 B 的受力图。

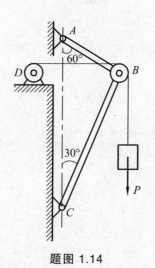

题图 1.14

1.15　试画出以下各图中指定物体的受力图：（a）坝体（坝体自重为 **P**）；（b）杠杆 AB、切刀 DEF 及整体；（c）秤杆 AB、秤盘架 BCD 及整体。

1.16　如题图 1.16 所示，塔器通过绳子与卷扬机 E 相连。设塔器的重力为 **P**，试画出塔器在图示位置的受力图。

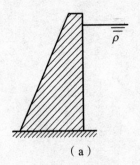

（a）

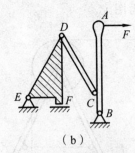

（b）

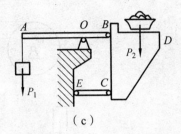

（c）

题图 1.15

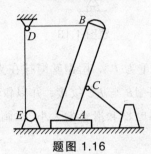

题图 1.16

第 2 章
平面力系

2.1　内容提要

2.1.1　平面汇交力系合成与平衡的几何法

1. 平面汇交力系的合成

用力多边形法则，合力的大小和方向由力多边形的封闭边来表示，其作用线通过各力的汇交点，即合力等于力系中各力的矢量和，表示为

$$F_R = F_1 + F_2 + \cdots + F_n = \sum F$$

2. 平面汇交力系的平衡

平面汇交力系平衡的必要和充分的几何条件是力多边形自行封闭，即

$$F_R = \sum F = 0$$

2.1.2　平面汇交力系合成与平衡的解析法

1. 力在坐标轴上的投影

力在坐标轴上的投影等于力的模乘以力与投影轴正向间夹角的余弦，如图 2.1 所示，它是一标量，即

$$\left.\begin{array}{l} F_x = F\cos\theta \\ F_y = F\cos\beta \end{array}\right\} \tag{2.1}$$

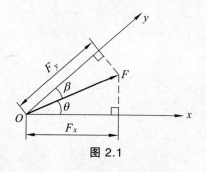

图 2.1

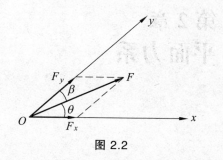

图 2.2

2. 力沿坐标轴的分解

力沿坐标轴的分力是一矢量，其合力与分力之间应满足力的平行四边形公理。如图 2.2 所示。力沿坐标轴分解的分力的大小为

$$\left.\begin{array}{l} F_x = \dfrac{F\sin\beta}{\sin(\theta+\beta)} \\[3mm] F_y = \dfrac{F\sin\theta}{\sin(\theta+\beta)} \end{array}\right\} \tag{2.2}$$

由此可见，在一般情况下，力沿坐标轴分解的分力的大小不等于力在坐标轴上投影的大小。

当 $\theta+\beta=\dfrac{\pi}{2}$ 时，在同一坐标上分力的大小和投影相等，如图 2.3 所示。

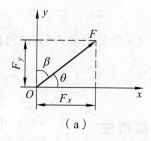

（a）

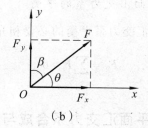

（b）

图 2.3

3. 合力投影定理

合力在某轴上的投影等于各分力在同一轴上投影的代数和，即

$$\left.\begin{array}{l} F_{Rx} = \sum F_x \\[3mm] F_{Ry} = \sum F_y \end{array}\right\} \tag{2.3}$$

当投影轴 x 与 y 垂直时，其合力的大小与方向为

$$F_R = \sqrt{F_{Rx}^2 + F_{Ry}^2}$$

$$\cos(\boldsymbol{F}_R, \boldsymbol{i}) = \frac{F_{Rx}}{F_R} \left.\begin{array}{c}\end{array}\right\}$$

$$\cos(\boldsymbol{F}_R, \boldsymbol{j}) = \frac{F_{Ry}}{F_R}$$

（2.4）

4. 平面汇交力系的合成

当两坐标轴间的夹角为 $\frac{\pi}{2}$ 时有

$$F_R = \sqrt{F_{Rx}^2 + F_{Ry}^2} = \sqrt{(\sum F_x)^2 + (\sum F_y)^2} \qquad （2.5）$$

$$\cos(\boldsymbol{F}_R, \boldsymbol{i}) = \frac{\sum F_x}{F_R}, \quad \cos(\boldsymbol{F}_R, \boldsymbol{j}) = \frac{\sum F_y}{F_R}$$

5. 平面汇交力系的平衡

由几何法知

$$\boldsymbol{F}_R = 0$$

代入前面的代数表达式有

$$F_R = \sqrt{F_{Rx}^2 + F_{Ry}^2} = \sqrt{(\sum F_x)^2 + (\sum F_y)^2} = 0$$

即

$$\left.\begin{array}{l} \sum F_x = 0 \\ \sum F_y = 0 \end{array}\right\} \qquad （2.6）$$

平面汇交力系平衡的解析条件是力系中各力在两个坐标轴中每一轴上的投影的代数和均等于零。应用平面汇交力系的平衡方程可以求解两个未知量。

2.1.3　力矩的概念和计算

1. 力对点之矩（力矩）

力对点之矩（简称力矩）是力使物体绕矩心转动效应的度量，它在平面问题中是一代数量，其绝对值等于力的大小与力的作用线到矩心的垂直距离的乘积。其正负规定为：若力使物体绕矩心逆时针转动时为正，反之为负。如图 2.4 所示，力矩可表示为

$$M_O(\boldsymbol{F}) = \pm Fd = \pm 2\triangle OAB$$

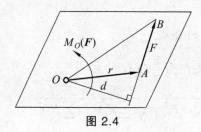

图 2.4

2. 力矩的性质

（1）力对任一已知点之矩，不会因该力沿作用线移动而改变。

（2）力的作用线如通过矩心，则力矩为零；反之，如果一个力其大小不为零，而它对某点之矩为零，则此力的作用线必通过此点。

（3）互成平衡的二力对同一点之矩的代数和为零。

3. 合力矩定理

合力对某点 O 之矩等于各分力对同一点之矩的代数和，即

$$m_O(\boldsymbol{F}) = \sum_{i=1}^{n} m_O(\boldsymbol{F}_i) \qquad (2.7)$$

2.1.4 力偶的概念和性质

1. 力偶的概念

大小相等、方向相反、作用线平行的两个力称为力偶，记做（$\boldsymbol{F}$，$\boldsymbol{F}'$）。力偶中两力作用线之间的距离 d 称为力偶臂，力偶所在的平面称为力偶作用面。

力偶对物体的转动效应，可以用力偶中的两个力对其作用面内任一点之矩的代数和来度量，即力偶矩。其表达式为

$$M(\boldsymbol{F}, \boldsymbol{F}') = \pm Fd \quad \text{或} \quad M = \pm Fd$$

2. 力偶的性质

（1）力偶在任何坐标轴上的投影等于零。

（2）力偶不能合成为一个力，或者说力偶没有合力，即力偶不能与力等效，也不能被一个力平衡。

（3）力偶对物体不产生移动效应，只产生转动效应，即它可以而且也只能改变物体的转动效应。

只要保持力偶的转向和力偶矩的大小不变，力偶可以在其作用面内任意移动和转动或者改变力和力偶臂的大小，而不改变它对刚体的作用效应。

3. 平面力偶的等效定理

作用在同一平面内的两个力偶彼此等效的充要条件是这两个力偶转向相同和力偶矩的大小也相同。

4. 两个推论

推论 1： 力偶可以在其作用面内任意移转而不改变它对刚体的转动效应。

推论 2： 在保持力偶矩的大小和转向不变的条件下，可以任意改变力偶中力和力偶臂的大小而不改变力偶对刚体的转动效应。

2.1.5　平面力偶系

作用在物体上同一平面内的若干力偶，总称为平面力偶系。

1. 平面力偶系的合成

平面力偶系的合成结果仍然为一力偶，合力偶矩等于力偶系中所有各力偶矩的代数和。即

$$M = M_1 + M_2 + \cdots + M_n = \sum_{i=1}^{n} M_i \tag{2.8}$$

2. 平面力偶系的平衡

平面力偶系平衡的充要条件是：力偶系中各力偶矩的代数和等于零。即

$$\sum M = 0 \tag{2.9}$$

利用上述平面力偶系的平衡方程，可以求解一个未知量。

2.1.6　平面任意力系向一点简化

1. 力的平移定理

作用在刚体上的力的作用线向刚体上某点平移时，必须附加一力偶，该附加力偶矩等于原力对该平移点之矩。

2. 力系的主矢和主矩

根据力的平移定理，可将作用在刚体上的平面任意力系向力系所在的平面内任一点 O（简化中心）简化，得到一个作用在简化中心的平面汇交力系和一平面力偶系，进而可以合成为一个力和一个力偶。该力矢等于原力系的主矢，该力偶矩等于原力系对简化中心的主矩。

力系中各力的矢量和称为力系的主矢，即

$$F_R = \sum_{i=1}^{n} F_i$$

力系中各力对简化中心 O 的矩的代数和称为力系对简化中心 O 的主矩，即

$$M_O = \sum_{i=1}^{n} M_O(F_i)$$

在一般情况下，主矢不随简化中心改变而变化，而主矩将随简化中心的位置改变而变化。

3. 平面任意力系的简化结果

（1）$F_R = 0$，$M_O \neq 0$。简化为一合力偶，此种情况下主矩与简化中心无关。

（2）$F_R \neq 0$，$M_O = 0$。简化为一合力。

（3）$F_R \neq 0$，$M_O \neq 0$。此种情况可进一步简化为第 2 种情况。

（4）$F_R = 0$，$M_O = 0$。为一平衡力系，此条件为平面任意力系的平衡条件。

2.1.7　平面任意力系的平衡方程

1. 平衡方程的基本形式

$$\left. \begin{array}{l} \sum F_x = 0 \\ \sum F_y = 0 \\ \sum M_O(F) = 0 \end{array} \right\} \tag{2.10}$$

2. 平衡方程的二力矩形式

$$\left.\begin{array}{c} \sum F_x = 0 \\ \sum M_A(\boldsymbol{F}) = 0 \\ \sum M_B(\boldsymbol{F}) = 0 \end{array}\right\} \qquad (2.11)$$

其中 A、B 两点的连线不能与投影轴 x 垂直。

3. 平衡方程的三力矩形式

$$\left.\begin{array}{c} \sum M_A(\boldsymbol{F}) = 0 \\ \sum M_B(\boldsymbol{F}) = 0 \\ \sum M_C(\boldsymbol{F}) = 0 \end{array}\right\} \qquad (2.12)$$

其中 A、B、C 三点不能在同一直线上。

2.1.8 平面平行力系

若各力的作用线在同一平面内且互相平行,这种力系称为平面平行力系。若各力作用线与 y 轴相平行, 则力系的平衡方程为

$$\left.\begin{array}{c} \sum M_A(\boldsymbol{F}) = 0 \\ \sum F_y = 0 \end{array}\right\} \qquad (2.13)$$

或

$$\left.\begin{array}{c} \sum M_A(\boldsymbol{F}) = 0 \\ \sum M_B(\boldsymbol{F}) = 0 \end{array}\right\} \qquad (2.14)$$

矩心 A、B 的连线不能与各力作用线平行。

2.2 典型题精解

【例 2.1】 三铰刚架如图 2.5(a)所示。求在力偶矩为 M 的力偶作用下支座 A 和 B 的约束反力。

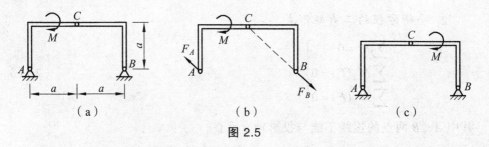

图 2.5

解：（1）取分离体，画受力图。

取三铰刚架为分离体。其上受给定力偶的作用，还受固定铰支座 A 和 B 所施加的约束反力的作用。由于杆 BC 是二力杆，支座 B 处的约束力 $\boldsymbol{F}_B$ 应在铰 B 和铰 C 的连线上，其指向现假定如图 2.5（b）所示。支座 A 处的约束力作用线是未知的，考虑到力偶只能用力偶与之平衡，断定支座 A 的约束力 $\boldsymbol{F}_A$ 与 $\boldsymbol{F}_B$ 必然组成一力偶，即 $\boldsymbol{F}_A$ 与 $\boldsymbol{F}_B$ 平行，大小相等，方向相反。

（2）列平衡方程，求解未知量。

分离体受两个力偶的作用，处于平衡状态，由力偶系的平衡方程式有

$$\sum M = 0 , \quad -M - \sqrt{2}aF_B = 0$$

解得

$$F_A = F_B = \frac{-M}{\sqrt{2}a}$$

式中的负号表明所假定的约束力方向与实际指向相反。

（3）思考。

将给定力偶从杆 AC 上移动到杆 BC 上，如图 2.5（c）所示，根据前面所述力偶的等效变换，是否会改变研究对象的受力情况和所得计算结果？为什么？

【例 2.2】 图 2.6（a）所示正方形板 $OABC$，边长 $a = 2\ \mathrm{m}$，受平面力系作用。已知：$q = 50\ \mathrm{N/m}$，$F = 400\sqrt{2}\ \mathrm{N}$，$M = 150\ \mathrm{N \cdot m}$。试求力系合成的结果，并画在图上。

解：先将力系向 O 点简化，先求力系的主矢，有

$$F'_{Rx} = F\cos 45° = 400\ \mathrm{N}$$

$$F'_{Ry} = F\cos 45° - qa = 300\ \mathrm{N}$$

即

$$F'_R = 500\ \mathrm{N}$$

$$(\boldsymbol{F}'_R, \boldsymbol{i}) = \arccos(F'_{Rx} / F'_R) = 36°52'$$

$$(\boldsymbol{F}'_R, \boldsymbol{j}) = \arccos(F'_{Ry} / F'_R) = 53°08'$$

求力系的主矩。对 O 点主矩为

$$M_0 = -M - qa \cdot \frac{1}{2}a = -250 \text{ N} \cdot \text{m}$$

可进一步合成为一个合力。

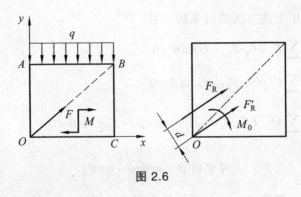

图 2.6

合力的作用点至 O 点的距离 $d = M_0 / F_R = 0.5$ m，如图 2.6（b）所示。

【例 2.3】 杆 AB 及其两端滚子的整体重心在 G 点，滚子搁置在倾斜的光滑刚性平面上，如图 2.7（a）所示，给定 θ 角，试求平衡时的 β 角。

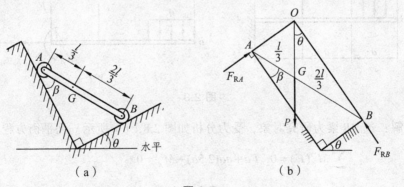

（a）   （b）

图 2.7

解： 此为三力汇交平衡问题，受力图如图 2.7（b）所示。在 $\triangle AOG$ 中：

$$AO = l\sin\beta, \quad \angle AOG = 90° - \theta$$

$$\angle OAG = 90° - \beta, \quad \angle AGO = \theta + \beta$$

由正弦定理有

$$\frac{l\sin\beta}{\sin(\theta+\beta)}=\frac{l/3}{\sin(90°-\theta)}, \quad \frac{l\sin\beta}{\sin(\theta+\beta)}=\frac{l}{3\cos\theta}$$

$$3\sin\beta\cos\theta=\sin\theta\cos\beta+\cos\theta\sin\beta$$

即

$$2\tan\beta=\tan\theta, \quad \beta=\arctan\left(\frac{1}{2}\tan\theta\right)$$

本题还可用下述方法进行求解。有

$$\sum F_x=0, \quad F_{RA}-G\sin\theta=0 \tag{1}$$

$$\sum F_y=0, \quad F_{RB}-G\cos\theta=0 \tag{2}$$

$$\sum M_A(\boldsymbol{F})=0, \quad -G\frac{l}{3}\sin(\theta+\beta)+F_{RB}l\sin\beta=0 \tag{3}$$

联立式（1）、（2）、（3），可解得 $\beta=\arctan\left(\dfrac{1}{2}\tan\theta\right)$。

【例 2.4】 如图 2.8（a）所示悬臂梁。已知 q、a，且 $F=qa$，$M=qa^2$。求梁的支座反力。

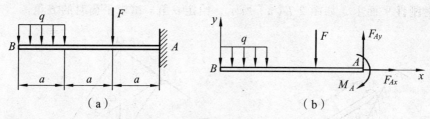

图 2.8

解：选 AB 梁为研究对象，受力分析如图 2.8（b）所示。列平衡方程，得

$$\sum M_A(\boldsymbol{F})=0, \quad Fa+qa(2.5a)-M_A=0$$

$$M_A=2.5qa^2+qa^2=3.5qa^2$$

$$\sum F_x=0, \quad F_{Ax}=0$$

$$\sum F_y=0, \quad F_{Ay}-F-qa=0$$

$$F_{Ay}=F+qa=2qa$$

【**例 2.5**】 如图 2.9（a）所示刚架，A 端为固定端约束。求 A 处的约束反力。

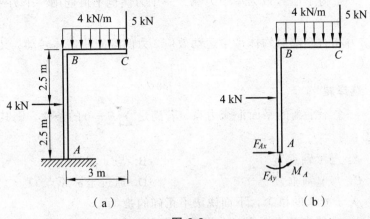

（a）   （b）

图 2.9

解：取 ABC 刚架为研究对象，受力图如图 2.9（a）所示。有

$$\sum M_A(F) = 0, \quad 4 \times 2.5 + 5 \times 3 + 4 \times 3 \times 1.5 - M_A = 0$$

$$M_A = 43 \ \text{kN} \cdot \text{m}$$

$$\sum F_x = 0, \quad F_{Ax} + 4 = 0$$

$$F_{Ax} = -4 \ \text{kN}$$

$$\sum F_y = 0, \quad F_{Ay} - 5 - 4 \times 3 = 0$$

$$F_{Ay} = 17 \ \text{kN}$$

结果为正的表示与假设方向一致，负的表示与假设方向相反。

2.3　自测题

一、是非题

2.1　如果两个力大小相等，则在同一轴上的投影也相等。（　　　）

2.2 平面任意力系向一点简化时，在任何情况下主矩都和简化中心有关。（　　）

2.3 一个力不能等效为一个力偶，一个力偶也不可能用一个力来等效。（　　）

2.4 力和力偶都对物体产生运动效应。力偶既能使物体转动，又能使物体移动。（　　）

二、选择题

2.5 一个不平衡的平面汇交力系，若满足 $\sum F_x = 0$ 的条件，则其合力的方位应是（　　）。

A. 与 x 轴垂直　　　　　　　　B. 与 x 轴平行

C. 与 y 轴垂直　　　　　　　　D. 通过坐标原点 O

2.6 关于力偶的概念，下面说法不正确的是（　　）。

A. 力偶有两个要素，分别为大小和方向

B. 力偶的合力为零

C. 力偶在同一刚体上可以移动到与其作用面平行的任何平面内，而不改变其对刚体的作用效果

D. 力偶不能等效于一个力，力偶只能与力偶相平衡

2.7 图示三铰刚架上作用一力偶矩为 M 的力偶，则支座 B 的约束反力方向应为（　　）。

A. 沿 BC 连线

B. 沿 AB 连线

C. 平行于 AC 连线

D. 垂直于 AC 连线

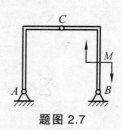
题图 2.7

2.8 图示结构为（　　）。

A. 静定结构

B. 一次超静定结构

C. 二次超静定结构

D. 三次超静定结构

题图 2.8

三、问答题

2.9 大小相等、方向相反的两个力，在什么情况下组成：

（1）一对平衡力；

（2）一对作用力和反作用力；

（3）一个力偶。

2.10　题图 2.10 所示构架的各构件自重不计，试确定下列结构中各处约束反力的方向。各构件自重不计，且系统均处于平衡。

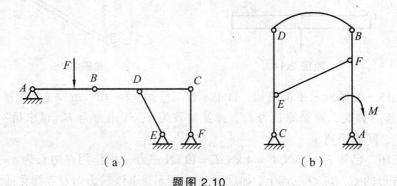

（a）　　　　　　　　　　　（b）

题图 2.10

2.11　平面任意力系的主矢就是平面任意力系的合力吗？如力系有合力，力系的合力与力系的主矢有何关系？

2.12　如题图 2.12 所示，二根折杆 AC、BC 质量不计，在 A、B、C 处用光滑铰链连接，其上分别作用大小为 M、转向相反的力偶，几何尺寸如图所示，则 A 处的约束力大小为多少？作用线与水平面的夹角为多少？

2.13　半径为 R 的圆轮可绕通过轮心的轴 O 转动。轮上作用一个力偶矩为 M 的力偶和一与边缘相切的力 F（如题图 2.13 所示），使轮处于平衡状态：（1）这是否说明力偶可用一力来平衡？简要说明理由。（2）轴 O 约束反力的大小和方向如何？

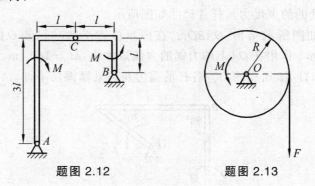

题图 2.12　　　　　　　　题图 2.13

四、计算题

2.14　如图所示，匀速起吊重 P 的预制梁，如果要求绳索 AB、BC 的拉力不超过 $0.6P$，问 θ 角应在什么范围内？

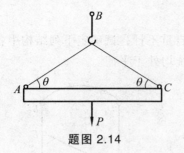

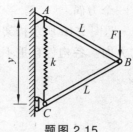

题图 2.14　　　　　　　　　　　　题图 2.15

2.15　如图所示平面机构，自重不计。已知：杆 $AB = BC = L$ ，铰接于 B ，AC 间连一弹簧，弹簧原长为 L_0 ，弹簧常数为 k ，作用力为 F 。试求机构平衡时 A 、C 间的距离 y 。

2.16　已知 $F_1 = 2$ kN , $F_2 = 4$ kN , $F_3 = 10$ kN 三力分别作用在边长为 $a = 10$ cm 的正方形的 C 、B 、O 三点上，如题图 2.16 所示。求该三力向 O 点简化的结果。

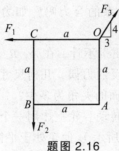

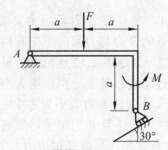

题图 2.16　　　　　　　　　　　　题图 2.17

2.17　如图所示结构，受集中力 F 和一矩为 M 的力偶作用，其中 $M = Fa$ ，试求 A 、B 处的约束反力。杆件尺寸如图所示。

2.18　如图所示结构 $OABO_1$ ，在图示位置平衡。已知 $OA = 400$ mm ，$O_1B = 600$ mm ，作用在 OA 上的力偶的力偶矩大小 $|M_1| = 1$ N·m 。试求力偶矩 M_2 的大小和杆 AB 所受的力。各杆的重力及各处摩擦均不计。

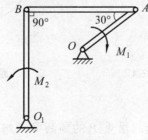

题图 2.18

2.19 如题图 2.19 所示，在边长 $a=1$ m的正方形板的 4 个顶点上有作用力 F_1、F_2、F_3、F_4。已知 $F_1=40$ N, $F_2=60$ N, $F_3=60$ N, $F_4=80$ N 。求该力系向 A 点简化的结果。

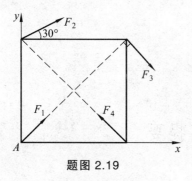

题图 2.19

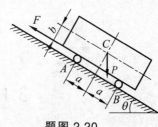

题图 2.20

2.20 绞车通过钢丝绳牵引小车沿斜面轨道匀速上升，如图所示。已知小车重 $P=10$ kN，绳与斜面平行，$\theta=30°$, $a=0.75$ m, $b=0.3$ m，不计摩擦，求轨道对车轮的约束反力。

2.21 图示为叉车的钢叉简图，已知货物均重为 $q=1\,500$ N/m，其他尺寸如图示，试求约束 A、B 处的约束力。图中尺寸单位为 mm。

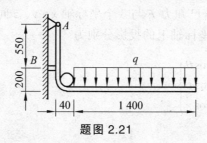

题图 2.21

第3章
空间力系

3.1 内容提要

3.1.1 空间汇交力系

1. 空间汇交力系的合成

1）空间力在坐标轴上的投影

（1）一次投影法。

如图 3.1 所示，若已知力 F 与 3 个坐标轴 x、y、z 间的夹角分别为 θ、β 和 γ，则力 F 在 3 个坐标轴上的投影分别为

$$\left. \begin{array}{l} F_x = F\cos\theta \\ F_y = F\cos\beta \\ F_z = F\cos\gamma \end{array} \right\} \tag{3.1}$$

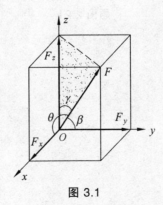

图 3.1

相应的，若已知力 F 的 3 个投影，可以求出力 F 的大小和方向，即大小为

$$F = \sqrt{F_x^2 + F_y^2 + F_z^2} \qquad (3.2)$$

方向为

$$\left. \begin{array}{l} \cos\theta = \dfrac{F_x}{F} \\[2mm] \cos\beta = \dfrac{F_y}{F} \\[2mm] \cos\gamma = \dfrac{F_z}{F} \end{array} \right\} \qquad (3.3)$$

（2）二次投影法。

如图 3.2 所示，若已知力 F 与坐标轴 Oxy 的仰角 γ 以及力 F 在 Oxy 平面上的投影 F_{xy} 与 x 轴间的夹角 φ，则力 F 在 3 个坐标轴上的投影分别为

$$F_x = F\sin\gamma\cos\varphi, \quad F_y = F\sin\gamma\sin\varphi, \quad F_z = F\cos\gamma$$

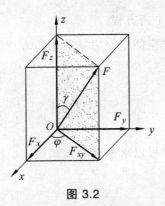

图 3.2

2）合力投影定理

合力在某轴上的投影，等于各分力在同一坐标轴上投影的代数和。即

$$F_{Rx} = F_{x1} + F_{x2} + \cdots + F_{xn} = \sum F_{xi}$$

同理 $\qquad F_{Ry} = \sum F_{yi}, \quad F_{Rz} = \sum F_{zi}$

3）空间汇交力系的合成

空间汇交力系可以合成为一个合力，该合力的作用线通过力系的公共作用点，合力的大小和方向为

$$F_{\mathrm{R}} = \sqrt{\left(\sum F_x\right)^2 + \left(\sum F_y\right)^2 + \left(\sum F_z\right)^2} \qquad (3.4)$$

$$\left.\begin{aligned}
\cos(\boldsymbol{F}_{\mathrm{R}}, \boldsymbol{i}) &= \frac{\sum F_x}{F_{\mathrm{R}}} \\[2mm]
\cos(\boldsymbol{F}_{\mathrm{R}}, \boldsymbol{j}) &= \frac{\sum F_y}{F_{\mathrm{R}}} \\[2mm]
\cos(\boldsymbol{F}_{\mathrm{R}}, \boldsymbol{k}) &= \frac{\sum F_z}{F_{\mathrm{R}}}
\end{aligned}\right\} \qquad (3.5)$$

2. 空间汇交力系的平衡

1）空间汇交力系的平衡条件

空间汇交力系平衡的充要条件是合力等于零，即

$$F_{\mathrm{R}} = \sqrt{\left(\sum F_x\right)^2 + \left(\sum F_y\right)^2 + \left(\sum F_z\right)^2} = 0$$

2）空间汇交力系的平衡方程

根据平衡条件，得到空间汇交力系的平衡方程为

$$\left.\begin{aligned}
\sum F_x &= 0 \\
\sum F_y &= 0 \\
\sum F_z &= 0
\end{aligned}\right\} \qquad (3.6)$$

利用上述 3 个方程，可以求解 3 个未知量。

3.1.2　空间力偶系

1. 空间力偶理论

空间力偶等效条件：作用在同一平面内或平行平面内的两个力偶，若它们的力偶矩的大小相等，且力偶的转向相同，则这两个力偶彼此等效。

力偶对刚体作用的三要素：力偶矩的大小、力偶作用面的方位和力偶的转向。

可用力偶矩矢矢量来表示力偶对刚体作用的三要素。矢量的模表示力偶矩的大小，矢量的方位与力偶作用面的法线方位相同，矢量的指向与力偶的转向关系服从右手螺旋规则。

力偶矩矢是一个自由矢量。

2. 空间力偶系的合成与平衡

1）空间力偶系的合成

空间力偶系的合力偶矩矢等于各分力偶矩矢的矢量和，即

$$M = M_1 + M_2 + \cdots + M_n = \sum M_i \qquad (3.7)$$

合力偶矩矢在某一坐标轴上的投影等于各分力偶矩矢在同一坐标轴上投影的代数和，即

$$M_x = M_{x1} + M_{x2} + \cdots + M_{xn} = \sum M_{xi}$$

$$M_y = M_{y1} + M_{y2} + \cdots + M_{yn} = \sum M_{yi}$$

$$M_z = M_{z1} + M_{z2} + \cdots + M_{zn} = \sum M_{zi}$$

合力偶矩矢的大小和方向为

$$M = \sqrt{(\sum M_x)^2 + (\sum M_y)^2 + (\sum M_z)^2} \qquad (3.8)$$

$$\left. \begin{aligned} \cos(M,i) &= \frac{\sum M_x}{M} \\ \cos(M,j) &= \frac{\sum M_y}{M} \\ \cos(M,k) &= \frac{\sum M_z}{M} \end{aligned} \right\} \qquad (3.9)$$

2）空间力偶系的平衡

空间力偶系平衡的充要条件是合力偶矩矢等于零，即

$$M = \sum_{i=1}^{n} M_i = 0 \qquad (3.10)$$

空间力偶系的平衡方程为

$$\left. \begin{aligned} \sum M_x &= 0 \\ \sum M_y &= 0 \\ \sum M_z &= 0 \end{aligned} \right\} \qquad (3.11)$$

利用上述 3 个方程，可以求解 3 个未知量。

3.1.3 空间任意力系

1. 空间力对点之矩和对轴之矩

1）空间力对点之矩

在空间情况下，力对点 O 之矩是一矢量，可表示为

$$M_O(F) = r \times F = \begin{vmatrix} i & j & k \\ x & y & z \\ F_x & F_y & F_z \end{vmatrix} \qquad (3.12)$$

式中：r 是矩心 O 到力 F 作用点的矢径；x、y 和 z 是力 F 作用点的 3 个坐标；F_x、F_y 和 F_z 是力 F 在 3 个坐标轴上的投影。

2）空间力对轴之矩

空间力对轴之矩是一代数量，其正负号按右手螺旋规则来确定，其绝对值等于力在垂直于该轴的平面上的投影对此平面与该轴的交点的矩，即

$$\left. \begin{aligned} M_z(F) &= M_O(F_{xy}) \\ M_y(F) &= M_O(F_{xz}) \\ M_x(F) &= M_O(F_{yz}) \end{aligned} \right\} \qquad (3.13)$$

空间力对轴之矩还可以用以下方法来计算：

（1）若已知力 F 在坐标轴上的投影 F_x、F_y 和 F_z 及该力的作用点的坐标 x、y 和 z，则力对各坐标轴的矩可表示为

$$\left. \begin{aligned} M_x(F) &= yF_z - zF_y \\ M_y(F) &= zF_x - xF_z \\ M_z(F) &= xF_y - yF_x \end{aligned} \right\} \qquad (3.14)$$

上式为力对轴之矩的解析式。

（2）根据力对点之矩和力对轴之矩的关系，即力对某轴之矩等于力对该轴上任一点 O 的矩矢在这轴上的投影，有

$$\left. \begin{aligned} M_x(F) &= [M_O(F)]_x \\ M_y(F) &= [M_O(F)]_y \\ M_z(F) &= [M_O(F)]_z \end{aligned} \right\} \qquad (3.15)$$

3）根据力对轴之矩来计算力对点之矩

若已经计算出力对各坐标轴之矩 $M_x(F)$、$M_y(F)$ 和 $M_z(F)$，且当 x、y 和 z 互为正交时，则力对点 O 之矩的大小为

$$\left|M_O(F)\right| = \sqrt{[M_x(F)]^2 + [M_y(F)]^2 + [M_z(F)]^2} \tag{3.16}$$

方向为

$$\left.\begin{aligned}
\cos[M_O(F), i] &= \frac{M_x(F)}{\left|M_O(F)\right|} \\
\cos[M_O(F), j] &= \frac{M_y(F)}{\left|M_O(F)\right|} \\
\cos[M_O(F), k] &= \frac{M_z(F)}{\left|M_O(F)\right|}
\end{aligned}\right\} \tag{3.17}$$

2. 空间任意力系的简化、合成与平衡

1）空间任意力系的简化、力系的主矢与主矩

空间任意力系向任一点 O（简化中心）简化后，一般可得到作用于 O 点的一个力和一个力偶。这个力的矢量称为该力系的主矢，它等于力系中各力的矢量和，即

$$F_R' = F_1 + F_2 + \cdots + F_n = \sum_{i=1}^{n} F_i \tag{3.18}$$

主矢的大小和方向与简化中心 O 的位置无关。这个力偶的矩矢称为力系对简化中心的主矩，它等于力系中各力对简化中心 O 的矩的矢量和，即

$$M_O = M_O(F_1) + M_O(F_2) + \cdots + M_O(F_n) = \sum_{i=1}^{n} M_O(F) \tag{3.19}$$

主矩的大小和转向一般随简化中心位置的变化而变化。

2）空间任意力系的合成结果

空间任意力系的最后合成结果有以下 4 种情形：

（1）平衡的情形。

主矢 $F_R' = 0$，主矩 $M_O = 0$，即该空间力系平衡。

（2）简化为一合力偶的情形。

主矢 $F_R' = 0$，主矩 $M_O \neq 0$，这时得一力偶。该力偶与原力系等效，即空

间力系合成为一力偶，力偶矩矢等于原力系对简化中心的主矩。在这种情况下，主矩与简化中心的位置无关。

（3）简化为一合力的情形。

主矢 $F'_R \neq 0$，主矩 $M_O = 0$，这时得一力。这力与原力系等效，即空间力系合成为一合力，合力的作用线通过简化中心 O，合力矢等于原力系的主矢。

（4）简化为力螺旋的情形。

主矢 $F'_R \neq 0$，主矩 $M_O \neq 0$，但 $F'_R \parallel M_O$，这种结果称为力螺旋，如图 3.3 所示。所谓力螺旋，就是由一力和一力偶组成的力系，其中的力垂直于力偶的作用面。

读者还可讨论当 F'_R 与 M_O 互相垂直时的简化结果和两者成任意角时的简化结果。

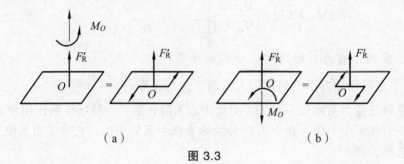

（a）　　　　　　　　　　　（b）

图 3.3

3）空间任意力系的平衡

空间任意力系平衡的充要条件是力系的主矢以及对任一点 O 的主矩都等于零，即

$$\left. \begin{array}{l} F'_R = 0 \\ M_O = 0 \end{array} \right\} \tag{3.20}$$

由此可以得到空间任意力系的平衡方程

$$\left. \begin{array}{l} \sum F_x = 0 \\ \sum F_y = 0 \\ \sum F_z = 0 \\ \sum M_x(\boldsymbol{F}) = 0 \\ \sum M_y(\boldsymbol{F}) = 0 \\ \sum M_z(\boldsymbol{F}) = 0 \end{array} \right\} \tag{3.21}$$

这是平面任意平衡方程的基本形式，还有四矩式、五矩式和六矩式，但它们对投影轴和力矩轴有一定的限制条件。

3.1.4　重　心

1. 重心坐标公式

在工程实际中，确定物体重心的位置具有比较重要的意义，船舶、车辆、飞机、航空器等的运动稳定性都与它们的重心位置有关。再如，为了使塔式起重机在不同情况下都不致倾覆，必须加上合适的配重使起重机的重心处于恰当的位置。

确定物体的重心位置，属于空间平行力系的合成问题。根据合力矩定理，得到物体重心的坐标公式为

$$x_C = \frac{\sum x_i P_i}{P}, \quad y_C = \frac{\sum y_i P_i}{P}, \quad z_C = \frac{\sum z_i P_i}{P} \qquad (3.22)$$

对于匀质物体，各微小部分的力 P_i 与其体积 V_i 成正比，总重量 P 与总体积 V 也按同一比例成正比，则有

$$x_C = \frac{\sum x_i V_i}{V}, \quad y_C = \frac{\sum y_i V_i}{V}, \quad z_C = \frac{\sum z_i V_i}{V} \qquad (3.23)$$

此时，物体重心的位置完全取决于物体的几何形状，而与重量无关。由上式确定的几何点，称为**物体的形心**。由此可见，对于匀质物体其重心与形心是相重合的。

若取图形所在的平面作为坐标平面 Oxy，则平面图形形心的坐标为

$$x_C = \frac{\sum x_i A_i}{A}, \quad y_C = \frac{\sum y_i A_i}{A} \qquad (3.24)$$

式中 A_i 是图形微小部分的面积，$A = \sum A_i$ 是图形的总面积。平面图形的形心可理解为图形厚度趋向无限小的匀质平板的重心，也可称为面积重心。

2. 用组合法求重心

求组合体的重心有两种方法，即分割法和负面积法。

分割法就是将组合体分割成几个重心已知的简单形体，则整个物体的重心即可用前面的公式求出。对于在物体内切去一部分（如有空洞等）的物体，

其重心仍可应用与分割法相同的公式计算，只是切去部分的面积取为负值。该方法称为负面积法或负体积法。

3. 用实验的方法测定重心的位置

对于一些外形复杂或质量分布不均匀的物体，则很难用上述计算方法来求其重心。此时可用实验的方法来测定其重心位置。常用的方法有悬挂法和称重法。

3.2　典型题精解

【例 3.1】　在边长为 a 的正六面体的对角线上作用一力 $\boldsymbol{F}$，如图 3.4（a）所示。试求该力分别在 x、y、z 轴上的投影。

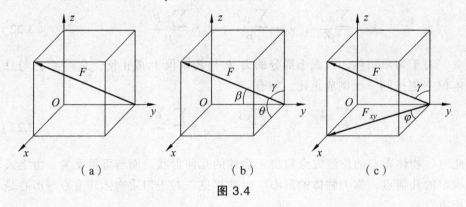

（a）　　　　　　　（b）　　　　　　　（c）

图 3.4

解：（1）直接投影法。

如图 3.4（b）所示，由空间几何可得

$$\cos \theta = \frac{\sqrt{3}}{3}, \quad \cos \beta = \frac{\sqrt{3}}{3}, \quad \cos \gamma = \frac{\sqrt{3}}{3}$$

则力在三轴上的投影为

$$F_x = F \cos \theta = \frac{\sqrt{3}}{3} F$$

$$F_y = -F \cos \beta = -\frac{\sqrt{3}}{3} F$$

$$F_z = F \cos \gamma = \frac{\sqrt{3}}{3} F$$

（2）二次投影法。

如图 3.4（c）所示，由空间几何可得

$$\sin\gamma = \frac{\sqrt{2}a}{\sqrt{3}a} = \sqrt{\frac{2}{3}}, \quad \cos\gamma = \frac{a}{\sqrt{3}a} = \frac{\sqrt{3}}{3}, \quad \sin\varphi = \cos\varphi = \frac{\sqrt{2}}{2}$$

根据二次投影法，得

$$F_x = F\sin\gamma\cos\varphi = \frac{\sqrt{3}}{3}F$$

$$F_y = -F\sin\gamma\sin\varphi = -\frac{\sqrt{3}}{3}F$$

$$F_z = F\cos\gamma = \frac{\sqrt{3}}{3}F$$

【例 3.2】　如图 3.5 所示，在边长为 $a = 100\ \text{mm}$ 的立方体上，作用着 5 个相等的力，$F_1 = F_2 = F_3 = F_4 = F_5 = 100\ \text{N}$。试求此力系的简化结果。

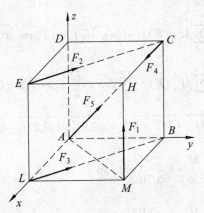

图 3.5

解： 选取图中坐标系的原点 A 为简化中心。力系向 A 点简化的主矢 $\boldsymbol{F}_R'$

$$F_{Rx}' = \sum F_x = -\frac{\sqrt{2}}{2}F_2 - \frac{\sqrt{2}}{2}F_3 + F_4 + \frac{1}{\sqrt{3}}F_5 = 0.163F = 16.3\ \text{N}$$

$$F_{Ry}' = \sum F_y = \frac{\sqrt{2}}{2}F_2 + \frac{\sqrt{2}}{2}F_3 + \frac{1}{\sqrt{3}}F_5 = 1.992F = 199.2\ \text{N}$$

$$F'_{Rz} = \sum F_z = F_1 + \frac{1}{\sqrt{3}} F_5 = 1.577F = 157.7 \text{ N}$$

$$F'_R = \sqrt{(F'_{Rx})^2 + (F'_{Ry})^2 + (F'_{Rz})^2} = \sqrt{16.3^2 + 199.2^2 + 157.7^2} \text{ N} = 254.6 \text{ N}$$

$$\cos\alpha = \frac{F'_{Rx}}{F'_R} = \frac{16.3}{254.6} = 0.064\,0, \quad \alpha = 86.33°$$

$$\cos\beta = \frac{F'_{Ry}}{F'_R} = \frac{199.2}{254.6} = 0.782\,4, \quad \beta = 38.52°$$

$$\cos\gamma = \frac{F'_{Rz}}{F'_R} = \frac{157.7}{254.6} = 0.619\,4, \quad \gamma = 51.73°$$

力系向 A 点简化的主矩 M_A

$$M_{Ax} = \sum M_{Ax}(\boldsymbol{F}) = F_1 a - \frac{\sqrt{2}}{2} F_2 a = 0.293 Fa = 2.93 \text{ N} \cdot \text{m}$$

$$M_{Ay} = \sum M_{Ay}(\boldsymbol{F}) = -F_1 a - \frac{\sqrt{2}}{2} F_2 a + F_4 a = -0.707 Fa = -7.07 \text{ N} \cdot \text{m}$$

$$M_{Az} = \sum M_{Az}(\boldsymbol{F}) = \frac{\sqrt{2}}{2} F_2 a + \frac{\sqrt{2}}{2} F_3 a - F_4 a = 0.414 Fa = 4.14 \text{ N} \cdot \text{m}$$

$$M_A = \sqrt{M_{Ax}^2 + M_{Ay}^2 + M_{Az}^2} = \sqrt{2.93^2 + (-7.07)^2 + 4.14^2} \text{ N} \cdot \text{m} = 8.70 \text{ N} \cdot \text{m}$$

$$\cos\alpha' = \frac{M_{Ax}}{M_A} = \frac{2.93}{8.70} = 0.336\,8, \quad \alpha' = 70.32°$$

$$\cos\beta' = \frac{M_{Ay}}{M_A} = \frac{-7.07}{8.70} = -0.812\,6, \quad \beta' = 144.35°$$

$$\cos\gamma' = \frac{M_{Az}}{M_A} = \frac{4.14}{8.70} = 0.475\,9, \quad \gamma' = 61.58°$$

即力系向 A 点简化的主矢大小为 254.6 N，方向与 x、y、z 轴正向间的夹角分别为 86.33°、38.52°、51.73°。主矩大小为 8.70 N·m，方向与 x、y、z 轴正向间的夹角分别为 70.32°、144.35°、61.58°。可以看出，它们既不平行又不垂直，所以，此力系简化的最终结果为力螺旋。

【例 3.3】 半圆板的半径为 r，重为 **P**，如图 3.6（a）所示。已知板的重心 C 离圆心的距离为 $\dfrac{4r}{3\pi}$，在 A、B、D 三点用三根铅垂绳子悬挂于天花板上，使板处于水平位置，求三根绳子的拉力。

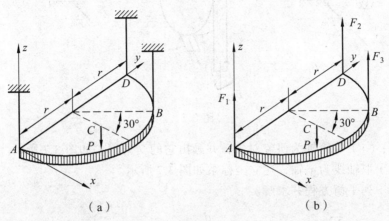

图 3.6

解： 取半圆板为研究对象，三根绳子均承受拉力，作用在板上的力分别为 F_1、F_2、F_3，铅垂向上，此外板还受到铅垂向下的重力作用。所以，作用在板上的力系为空间平行力系。建立如图 3.6（b）所示的 $Axyz$ 坐标系。

列平衡方程

$$\sum F_z = 0 , \quad F_1 + F_2 + F_3 - P = 0 \tag{1}$$

$$\sum M_x(\boldsymbol{F}) = 0 , \quad -Pr + 2F_2 r + F_3(r + r\sin 30°) = 0 \tag{2}$$

$$\sum M_y(\boldsymbol{F}) = 0 , \quad P \times \frac{4r}{3\pi} - F_3 r\cos 30° = 0 \tag{3}$$

解（1）、（2）、（3）式可得

$$F_1 = 0.38P , \quad F_2 = 0.13P , \quad F_3 = 0.49P$$

即三根绳子承受的拉力分别为 $0.38P$、$0.13P$ 和 $0.49P$。

【例 3.4】 电动机通过联轴器传递驱动转矩 $M = 20\,\text{N·m}$ 来带动皮带轮轴，如图 3.7 所示。已知带轮直径 $d = 160\,\text{mm}$，距离 $a = 200\,\text{mm}$，皮带斜角 $\alpha = 30°$，带轮两边拉力 $F_{T2} = F_{T1}$。试求 A、B 两轴承的约束反力。

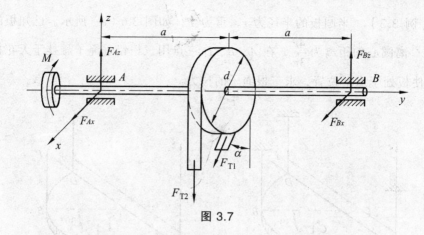

图 3.7

解：（1）取轮轴为研究对象，并画出它的受力图，如图 3.7 所示。

（2）取轴线为 y 轴，建立坐标系如图 3.7 所示。

（3）列平衡方程并求解。

$$\sum M_y = 0, \quad (F_{T2} - F_{T1})\frac{d}{2} - M = 0$$

因 $\qquad F_{T2} = F_{T1}$

得 $\qquad F_{T1} = \frac{2M}{d} = \frac{2 \times 20}{0.16} = 250 \text{ N}, \quad F_{T2} = 2F_{T1} = 500 \text{ N}$

$$\sum M_z = 0, \quad -F_{Bx}2a - F_{T1}\sin\alpha \times a = 0$$

$$F_{Bx} = -0.5F_{T1}\sin\alpha = -0.5 \times 250 \times \sin 30° = -62.5 \text{ N}$$

$$\sum M_x = 0, \quad F_{Bz}2a - F_{T1}a - F_{T1}\cos\alpha \times a = 0$$

$$F_{Bz} = 0.5(F_{T2} + F_{T1}\cos\alpha) = 0.5 \times (500 + 250 \times \cos 30°) = 358.3 \text{ N}$$

$$\sum F_x = 0, \quad F_{Ax} + F_{Bx} + F_{T1}\sin\alpha = 0$$

$$F_{Ax} = -F_{T1}\sin\alpha - F_{Bx} = -250 \times \sin 30° - (-62.5) = -62.5 \text{ N}$$

$$\sum F_z = 0, \quad F_{Az} + F_{Bz} - F_{T2} - F_{T1}\cos\alpha = 0$$

$$F_{Az} = F_{T2} + F_{T1}\cos\alpha - F_{Bz} = 500 + 250 \times \cos 30° - 358.3 = 358.2 \text{ N}$$

【例 3.5】 如图 3.8（a）所示，长宽为 a 的均质正方形板 $ABCD$ 重 $P = 20 \text{ kN}$，用球铰链 A 和碟铰链 B 支承在墙上，并用杆 CE 维持在水平位置，且 $\angle AEC = 60°$，试求杆 CE 所受的压力及碟铰链 B 的约束力。

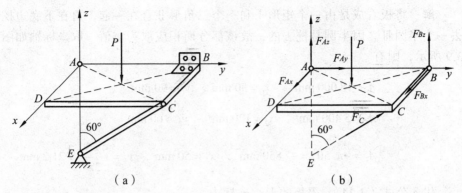

（a）　　　　　　　　　　　　（b）

图 3.8

解： 取板 $ABCD$ 为研究对象，受力如图 3.8（b）所示。由空间一般力系平衡方程，有

$$\sum M_y(\boldsymbol{F}) = 0, \quad P \times \frac{a}{2} - F_C \cdot \sin 30° \times a = 0$$

得

$$F_C = P = 20 \text{ kN}$$

又

$$\sum M_z(\boldsymbol{F}) = 0$$

即

$$F_{Bx} = 0$$

考虑

$$\sum M_x(\boldsymbol{F}) = 0, \quad F_{Bz} \times a - P \times \frac{a}{2} + F_C \cdot \sin 30° \times a = 0$$

得到

$$F_{Bz} = 0$$

【**例 3.6**】 在梯形板的下底边挖去一个半径 $R = 50$ mm 的半圆面积，梯形板各部分尺寸如图 3.9 所示，单位 mm。求板的形心位置。

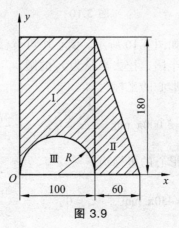

图 3.9

解：将板看成是由一个矩形 Ⅰ 和一个三角形 Ⅱ 合在一起，再在下底边挖去一个半圆 Ⅲ。因半圆是挖去的，故该部分面积应取为负值。取坐标轴如图 3.9 所示，则有

$$A_1 = 18\,000 \text{ mm}^2, \quad x_1 = 50 \text{ mm}, \quad y_1 = 90 \text{ mm}$$

$$A_2 = 5\,400 \text{ mm}^2, \quad x_2 = 120 \text{ mm}, \quad y_2 = 60 \text{ mm}$$

$$A_3 = -\pi \cdot 50^2 = -7\,850 \text{ mm}^2, \quad x_3 = 50 \text{ mm}, \quad y_3 = \frac{4 \times 50}{3\pi} = 21.2 \text{ mm}$$

代入公式（3.24），得板的形心坐标为

$$x_C = \frac{A_1 x_1 + A_2 x_2 + A_3 x_3}{A_1 + A_2 + A_3} = 74.3 \text{ mm}$$

$$y_C = \frac{A_1 y_1 + A_2 y_2 + A_3 y_3}{A_1 + A_2 + A_3} = 114.3 \text{ mm}$$

【例 3.7】 试求图 3.10 所示振动器用的偏心块的形心位置。已知 $R = 100$ mm，$r_1 = 30$ mm，$r_2 = 17$ mm。

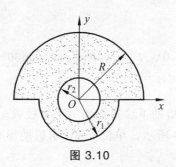

图 3.10

解：取坐标系 Oxy 如图 3.10 所示。偏心块可看做由 3 部分组成：半径为 R 的半圆，半径为 r_1 的半圆，挖去半径为 r_2 的圆。

大半圆的面积和其形心的坐标为

$$A_1 = \frac{\pi R^2}{2} = 5\,000\pi \text{ mm}^2, \quad x_1 = 0, \quad y_1 = \frac{4R}{3\pi} = \frac{400}{3\pi} \text{ mm}$$

小半圆的面积和其形心的坐标为

$$A_2 = \frac{\pi r_1^2}{2} = 450\pi \text{ mm}^2, \quad x_2 = 0, \quad y_2 = -\frac{4r_1}{3\pi} = -\frac{40}{\pi} \text{ mm}$$

小圆的面积和其形心的坐标为

$$A_3 = -\pi r_2^2 = -289\pi \ \text{mm}^2, \quad x_3 = 0, \quad y_3 = 0$$

由此可得偏心块的形心坐标为

$$x_C = 0$$

$$y_C = \frac{\sum A_i y_i}{A} = \frac{5\,000\pi \times \dfrac{400}{3\pi} + 450\pi \times \left(-\dfrac{40}{\pi}\right) + (-289\pi) \times 0}{5\,000\pi + 450\pi - 289\pi}$$

$$= \frac{648\,667}{5\,161\pi} = 40 \ \text{mm}$$

3.3 自测题

一、选择题

3.1 空间力偶矩矢是（　　）。

　　A. 代数量　　　　　　　　　　　B. 定位矢量

　　C. 滑动矢量　　　　　　　　　　D. 自由矢量

3.2 某空间力系中各力的作用线均平行于某一固定平面，而且该力系为平衡力系，则可列独立平衡方程的个数是（　　）。

　　A. 3 个　　　　　B. 4 个　　　　　C. 5 个　　　　　D. 6 个

3.3 空间任意力系向简化中心简化后得到的主矢，与简化中心位置（　　）。

　　A. 无关　　　　　　　　　　　　B. 相同

　　C. 一起移动　　　　　　　　　　D. 成比例关系

3.4 若空间力系中各力的作用线分别汇交于两个固定点，则当力系平衡时，可列独立平衡方程的个数是（　　）。

　　A. 3 个　　　　　B. 4 个　　　　　C. 5 个　　　　　D. 6 个

二、计算题

3.5 在边长为 a 的正六面体上作用有 3 个力，如图所示，已知：$F_1 = 6$ kN，$F_2 = 2$ kN，$F_3 = 4$ kN。试求各力在 3 个坐标轴上的投影。

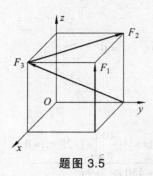

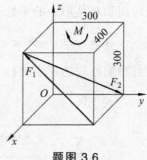

題图 3.5　　　　　　　　　題图 3.6

3.6　如图所示，已知六面体尺寸为 400 mm×300 mm×300 mm，正面有力 $F_1 = 100$ N，中间有力 $F_2 = 200$ N，顶面有力偶 $M = 20$ N·m 作用。试求各力及力偶对 z 轴之矩的和。

3.7　铅垂力 $F = 500$ N，作用于曲柄上，如题图 3.7 所示，$\theta = 30°$。求该力对各坐标轴之矩。

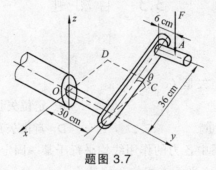

题图 3.7

3.8　三轮推车如图所示。已知 $AH = BH = 0.5$ m，$CH = 1.5$ m，$EH = 0.3$ m，$ED = 0.5$ m，所载重物的重力 $P = 1.5$ kN，作用在 D 点，推车自重忽略不计。试求 A、B、C 三轮所受的压力。

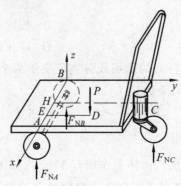

题图 3.8

3.9 有一空间力系作用于边长为 a 的正六面体上，如图所示，已知：$F_1 = F_2 = F_3 = F_4 = F$，$F_5 = F_6 = \sqrt{2}\,F$。试求此力系的简化结果。

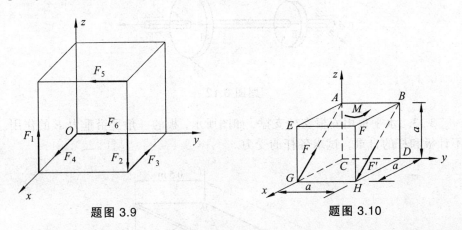

题图 3.9 题图 3.10

3.10 在图示正方体的表面 $ABFE$ 内作用一力偶，其矩 $M = 50\ \text{kN·m}$，转向如图；又沿 GA、BH 作用两力 $\boldsymbol{F}$、$\boldsymbol{F}'$，$F = F' = 50\sqrt{2}\ \text{kN}$；$a = 1\ \text{m}$。试求该力系向 C 点简化结果。

3.11 如图所示，三脚圆桌的半径 $r = 500\ \text{mm}$，重 $P = 600\ \text{N}$，圆桌的三脚 A、B 和 C 构成一等边三角形。若在中线 CD 上距圆心为 a 的点 M 处作用铅垂力 $F = 1\ 500\ \text{N}$，试求使圆桌不致翻倒的最大距离 a。

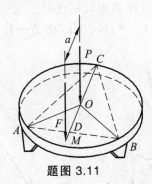

题图 3.11

3.12 如图所示，变速箱中间轴装有两直齿圆柱齿轮，其分度圆半径 $r_1 = 100\ \text{mm}$，$r_2 = 72\ \text{mm}$，啮合点分别在两齿轮的最低与最高位置，轮齿压力角 $\alpha = 20°$，在齿轮 Ⅰ 上的圆周力 $F_1 = 1.58\ \text{kN}$。不计轴与齿轮自重，试求当轴匀速转动时作用于齿轮 Ⅱ 上的圆周力 F_2 及 A、B 两轴承的约束反力。

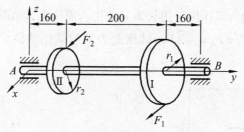

题图 3.12

3.13　水平板用 6 根支杆支撑，如图所示，板的一角受铅垂力 F 的作用。不计板和杆的自重，试求各杆的受力。

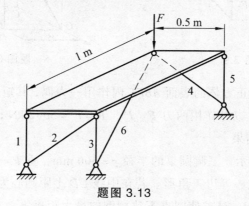

题图 3.13

3.14　如图所示，无重杆系由铰链连接，位于立方体的边和对角线上，沿 AB 方向作用一力 F_1，$F_1 = 8\,\text{kN}$，沿 DE 方向作用一力 F_2，$F_2 = 6\,\text{kN}$。试求各杆的内力。

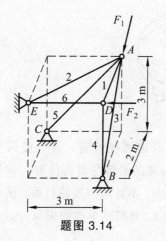

题图 3.14

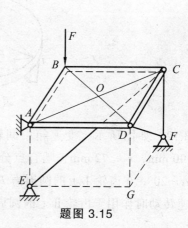

题图 3.15

3.15 如题图 3.15 所示，正方形薄板由球铰链 A 以及 3 根连杆 CE、CF、DF 支持成水平位置，如图所示。已知 AE = DG = CF，并不计薄板和各连杆的重量，试证：（1）当铅垂力 **F** 作用于 B 点时，板不能平衡；（2）当铅垂力作用于板中点 O 时，则为静不定问题。

3.16 如题图 3.16 所示，空间支架固定在相互垂直的墙上。杆 AO、BO 为二力杆，OC 是钢绳，C 在两墙交线上。A、B、D、O 位于同一水平面。已知：$\varphi = 60°$，$\theta = 30°$，$F = 1.2$ kN。试求两杆和钢绳所受的力。

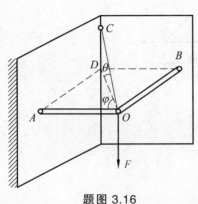

题图 3.16

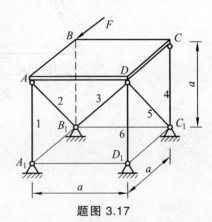

题图 3.17

3.17 如题图 3.17 所示，重为 **P** 的均质正方形平台，用 6 根不计重量的直杆支撑的水平面内，沿 AB 边受水平力 **F** 作用，如图所示。已知 $AA_1 = AB = a$。试求 1、2、3、4、5、6 杆的内力。

3.18 如图所示，边长为 a 的正方形均质板，被截去等腰三角形 AEB，求点 E 的极限位置 y_{max}，以保证剩余部分 AEBDC 的重心仍在该部分范围内。

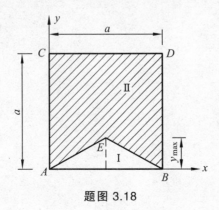

题图 3.18

3.19 如图所示。薄板由形状为矩形、三角形和四分之一的圆形的三块等厚薄板组成，尺寸如图。求此薄板重心的位置。

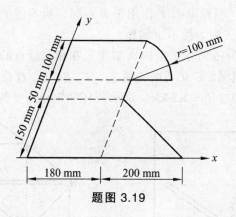

题图 3.19

第4章
静力学应用专题

4.1   内容提要

4.1.1   物体系统的平衡

由两个或两个以上的物体所组成的系统，称为物体系统（或称为刚体系统）。为了解决物体系统的平衡问题，必须了解这类问题的特点。

物体系统平衡问题的特点是：在物体系统中，一方面物体数目不止一个，另一方面约束（或连接）方式和受力情况都比较复杂。因此，在很多情形下，只考虑整个系统或某个局部系统，或只考虑某个物体的平衡都不能解出全部未知力。但是，由于所讨论的物体系统是平衡的，组成这一系统的每个分系统以及系统中的每个物体也必然是平衡的。因此，只要正确理解整体平衡与局部平衡的概念，全面地考虑整体平衡和局部平衡，就可以解出全部未知力。

1. 基本概念

1）外　力

系统外任何物体作用于该系统的力称为这个系统的外力。

2）内　力

系统内部各物体间相互作用的力称为内力。内力总是成对地作用于同一系统上，故当取系统为研究对象时，可不必考虑这些内力。

3）静定问题

当系统中的未知量数目等于独立平衡方程的数目时，则所有未知量都能由平衡方程求出，这样的问题称为静定问题。

4）超静定问题

当系统中未知量的数目多于平衡方程的数目时，未知量就不能全部由平衡方程求出，这样的问题称为超静定问题。这类问题需考虑物体因受力作用而产生的变形，加列某些补充方程后，才能使方程的数目等于未知量的数目。超静定问题将在后面讨论。

2. 物体系统的平衡问题

常见的物体系统的平衡问题有三类，即：① 构架；② 多跨静定梁；③ 三铰拱。这三类问题都有其相应的求解特点，在求解过程中能总结归纳。在求解这三类问题时最主要的是受力分析要正确，特别注意固定端约束、铰上受力、分布载荷计算、二力构件等情况。

4.1.2　平面简单桁架的内力计算

桁架是由一些直杆彼此在两端用铰链连接而成的几何形状不变的结构。桁架的特点：桁架中的每个杆件都看成为二力杆件。

平面简单桁架内力的求解方法有两种：节点法和截面法。

1. 节点法

假想将某节点周围的杆件割断，取该节点为考察对象，建立其平衡方程，以求解杆件内力的一种方法。其主要计算步骤和注意点有：

（1）逐个以有两个未知量的节点为研究对象，并进行受力分析，画出它们的受力图。

（2）应用平面汇交力系的平衡方程，根据已知力求出各杆的未知内力。

（3）在受力分析中，一般均假设杆的内力为拉力，如果所得结果为负值，即表示该杆受压。

2. 截面法

用适当的截面将桁架截开，取其中一部分为研究对象，建立平衡方程，求解被切断杆件内力的一种方法。

（1）被截开杆件的内力成为该研究对象的外力，可应用平面任意力系的平衡条件，求出这些被截开杆件的内力。

（2）由于平面任意力系只有 3 个独立平衡方程，所以一般说来，被截杆件应不超出 3 个。

3. 零杆及零杆判别

零杆：桁架中内力为零的杆件。根据图 4.1 所示 3 种情况可判别零杆。

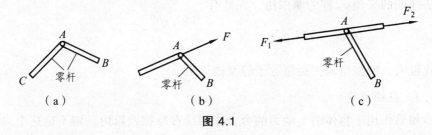

（a）　　　　　（b）　　　　　（c）

图 4.1

4.1.3　考虑具有摩擦时的平衡问题

两个相互接触的物体，当它们发生沿接触面的相互滑动或有相对滑动趋势时，彼此间产生阻碍运动或运动趋势的力，称为滑动摩擦力。

1. 静滑动摩擦力 F_s

（1）方向：与两物体间相对滑动的趋势相反。

（2）大小：由静力平衡方程确定，且有

$$0 \leqslant F_s \leqslant F_{max}$$

其中 F_{max} 为最大静滑动摩擦力。

2. 最大静滑动摩擦力

当物体处于平衡的临界状态时，静滑动摩擦力达到最大值。最大静滑动摩擦力与物体对支承面的正压力 $\boldsymbol{F}_N$ 成正比，即

$$F_{max} = F_N f_s \tag{4.1}$$

其中 f_s 称为静滑动摩擦因数，为无量纲常数，其值与相互接触表面的材料、粗糙度、湿度、温度等有关，一般可用实验的方法来测定。

3. 摩擦角与自锁现象

1）全反力

支承面的反力包括了两个分量，即法向反力 $\boldsymbol{F}_N$ 与静滑动摩擦力 $\boldsymbol{F}_s$，这两个力的合力称为全反力，即

$$\boldsymbol{F}_R = \boldsymbol{F}_N + \boldsymbol{F}_s$$

2）摩擦角

在临界状态下，全反力达到极值，该状态下的全反力与支承面在接触点的法线间的夹角φ_m称为摩擦角，并且有

$$\tan \varphi_m = \frac{F_{max}}{F_N} = f_s$$

上式说明，摩擦角的正切值等于静摩擦因数。

3）自锁现象

如果作用于物体的主动力的合力作用线在摩擦锥以内，则不论这个力多大，物体总能保持静止状态，这种现象称为自锁。

4．动滑动摩擦

当两物体接触表面有相对滑动时的摩擦力称为动滑动摩擦力，简称动摩擦。

（1）动摩擦力的方向：与相对滑动的方向相反。

（2）动摩擦力的大小：与两物体接触间的正压力F_N成正比，即

$$F' = F_N f'$$

其中f'称为动滑动摩擦因数，简称动摩擦因数。在一般情况下，动摩擦因数小于静摩擦因数。

5．滚动摩阻

当一物体沿另一物体表面滚动或具有滚动趋势时，除可能受到滑动摩擦力外，还要受到一个阻力偶的作用，这个阻力偶称为滚动摩阻力偶（简称滚阻力偶）。

1）滚动摩阻

滚阻的方向与相对滚动方向或相对滚动趋势方向相反。其大小由平衡方程式确定，且滚阻力偶矩M_f满足

$$0 \leqslant M_f \leqslant M_{max}$$

其中M_{max}为滚阻力偶矩的最大值。

2）滚阻力偶矩的最大值M_{max}

当物体处于滚动平衡的临界状态时，滚阻力偶矩将达到最大值。滚阻力偶矩的最大值与两物体间的法向正压力F_N成正比，即

$$M_{max} = F_N \delta$$

其中δ称为滚阻系数，具有长度的量纲，其值可由实验的方法测定。

6. 具有摩擦的平衡问题的解题方法

在具有摩擦的情况下，由静力平衡方程和摩擦的物理方程联合求解。一般有以下 3 种类型。

1）判断物体所处的状态

判断物体处于静止、临界或是滑动情况中的哪一种。当它们处于静止或临界平衡状态时，还必须分析其运动趋势，滑动摩擦力和滚阻力偶必须与相对滑动或相对滚动的趋势方向相反。

（1）静止状态。

由静力平衡方程确定摩擦力。

（2）临界平衡状态。

由静力平衡方程和摩擦的物理方程联立求解，但必须正确分析摩擦力（包括滚阻力偶）的方向。

（3）运动状态。

当物体运动时，其滑动摩擦力为动滑动摩擦力。

2）求具有摩擦时物体能保持静止的条件

由于静滑动摩擦力的大小可以在一定范围内变化，所以物体有一平衡范围，这个平衡范围有时是用几何位置、几何尺寸来表示的，有时是用力来表示的。

3）求解物体处于临界状态时的平衡问题

摩擦力由物理方程确定，结合静力平衡方程式，可得到唯一解答。

在求解方法上，一般有解析法和几何法两种，或者两种方法的混合使用。

4.2 典型题精解

【例 4.1】 在图 4.2（a）所示的两层托架结构中，各杆自重不计，已知：$M(\text{N} \cdot \text{m})$, $q(\text{N/m})$, $\theta = 30°$, $L(\text{m})$；A、D、E 为铰链连接，G、B、C 为固定铰支座。试求杆 1、2、3 的内力。

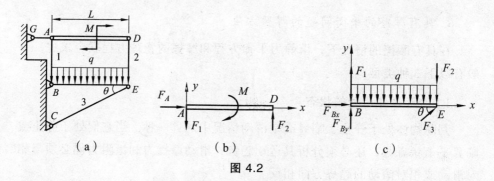

图 4.2

解：选取杆 AD 为研究对象，坐标及受力图如图 4.2（b）所示。列平衡方程有

$$\sum F_x = 0, \quad F_A = 0$$

$$\sum M_A(\boldsymbol{F}) = 0, \quad F_2 L - M = 0$$

$$F_2 = M / L$$

$$\sum F_y = 0, \quad F_1 = F_2$$

再选杆 BE 为研究对象，坐标及受力图如图 4.2（c）所示。列平衡方程有

$$\sum M_B(\boldsymbol{F}) = 0, \quad -qL \times \frac{1}{2}L - F_2 L + F_3 \sin\theta \cdot L = 0$$

$$F_3 = qL + 2\frac{M}{L}$$

【例 4.2】 如图 4.3（a）所示。已知 q_0、F、M、l 及尺寸如图，求 A、B、C、D 处反力。

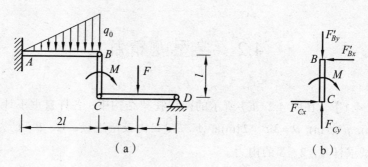

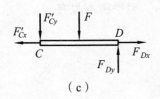

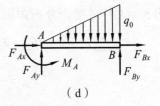

（c） （d）

图 4.3

解：分析 BC 杆，受力分析如图 4.3（b）所示。列平衡方程有

$$\sum M_B(\boldsymbol{F}) = 0, \quad F_{Cx} \times l - M = 0$$

$$F_{Cx} = \frac{M}{l}$$

$$\sum F_x = 0, \quad F_{Bx}' - F_{Cx} = 0$$

$$F_{Bx}' = \frac{M}{l}$$

$$\sum F_y = 0, \quad F_{Cy} - F_{By}' = 0$$

$$F_{By}' = F_{Cy}$$

考虑 CD 杆，受力分析如图 4.3（c）所示。列平衡方程有

$$\sum M_D(\boldsymbol{F}) = 0, \quad F_{Cy}' \times 2l + F \times l = 0$$

$$F_{Cy}' = -\frac{1}{2}F$$

$$\sum F_x = 0, \quad F_{Cx}' - F_{Dx} = 0$$

$$F_{Dx} = \frac{M}{l}$$

$$\sum F_y = 0, \quad F_{Dy} - F - F_{Cy}' = 0$$

$$F_{Dy} = \frac{1}{2}F$$

相应的，由 BC 杆的分析，得

$$F_{By}' = F_{Cy} = F_{Cy}' = -\frac{1}{2}F$$

· 55 ·

分析 AB 杆，受力分析如图 4.3（d）所示。列平衡方程有

$$\sum F_x = 0 , \quad F_{Ax} + F_{Bx} = 0$$

$$F_{Ax} = -\frac{M}{l}$$

$$\sum F_y = 0 , \quad F_{Ay} + F_{By} - \frac{1}{2} \times q_0 \times 2l = 0$$

$$F_{Ay} = q_0 l + \frac{1}{2} F$$

$$\sum M_A(\boldsymbol{F}) = 0 , \quad M_A + F_{By} \times 2l - \frac{1}{2} q_0 \times 2l \times \frac{2}{3} \times 2l = 0$$

$$M_A = \frac{4}{3} q_0 l^2 + Fl$$

【例 4.3】 图 4.4（a）所示为组合梁。已知梁 AB 和 BC 在 B 点铰接，C 为固定端。若 $F = 30\sqrt{2}$ kN，$M = 20$ kN·m，$q = 15$ kN/m。试求 A、B、C 三处的约束反力。

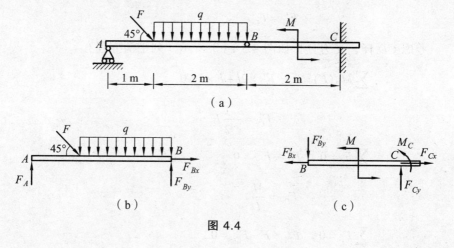

图 4.4

解：（1）以 AB 梁为研究对象，画受力图如图 4.4（b）所示。列平衡方程有

$$\sum M_B(\boldsymbol{F}) = 0 , \quad -F_A \times 3 + q \times 2 \times 1 + F \times \frac{\sqrt{2}}{2} \times 2 = 0$$

$$F_A = (2q + \sqrt{2}F)/3 = 30 \text{ kN}$$

$$\sum M_A(\boldsymbol{F}) = 0 , \quad F_{By} \times 3 - q \times 2 \times 2 - F \times \frac{\sqrt{2}}{2} \times 1 = 0$$

$$F_{By} = (4q + \sqrt{2}F/2)/3 = 30 \text{ kN}$$

$$\sum F_x = 0 , \quad F_{Bx} + F \times \frac{\sqrt{2}}{2} = 0$$

$$F_{Bx} = -F \times \frac{\sqrt{2}}{2} = -30 \text{ kN}$$

（2）以 BC 梁为研究对象画受力图如图 4.4（c）所示。列平衡方程有

$$\sum M_C(\boldsymbol{F}) = 0 , \quad 2F'_{By} + M + M_C = 0$$

$$M_C = -2F'_{By} - M = -80 \text{ kN} \cdot \text{m}$$

$$\sum F_y = 0 , \quad -F'_{By} + F_{Cy} = 0$$

$$F_{Cy} = F_{By} = 30 \text{ kN}$$

$$\sum F_x = 0 , \quad F_{Cx} - F'_{Bx} = 0$$

$$F_{Cx} = F'_{Bx} = F_{Bx} = -30 \text{ kN}$$

【**例 4.4**】 如图 4.5（a）所示三铰刚架，其受力如图所示。求铰链 A、B 处的反力。

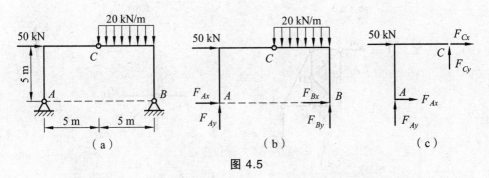

图 4.5

解：以整体为研究对象，受力图如图 4.5（b）所示。有

$$\sum M_A(\boldsymbol{F}) = 0 , \quad -50 \times 5 - 20 \times 5 \times 7.5 + F_{By} \times 10 = 0$$

$$F_{By} = 100 \text{ kN}$$

$$\sum F_y = 0 , \quad F_{Ay} + F_{By} - 20 \times 5 = 0$$

$$F_{Ay} = 0$$

以 AC 为研究对象，受力分析如图 4.5（c）所示。有

$$\sum M_C(\boldsymbol{F}) = 0 , \quad F_{Ax} \times 5 - F_{Ay} \times 5 = 0$$

$$F_{Ax} = 0$$

再以整体为研究对象，则有

$$\sum F_x = 0 , \quad F_{Ax} + F_{Bx} + 50 = 0$$

$$F_{Bx} = -50 \text{ kN}$$

【例 4.5】 悬臂式桁架如图 4.6（a）所示，已知 $a = 2 \text{ m}$，$b = 1.5 \text{ m}$。试求杆件 GH、HJ、HK 的内力。

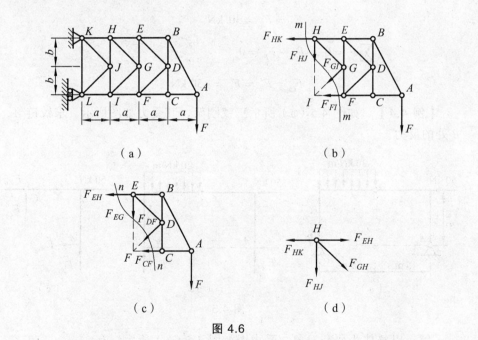

（a）　　　　　　　　　　　　（b）

（c）　　　　　　　　　　　　（d）

图 4.6

解：（1）用截面 m—m 将杆 HK、HJ、GI、FI 截断。取右半桁架为研究对象，受力分析如图 4.6（b）所示。有

$$\sum M_I(\boldsymbol{F}) = 0 , \quad 2bF_{HK} - 3aF = 0$$

得

$$F_{HK} = 2F$$

（2）取截面 n—n，取右半桁架为研究对象，有

$$\sum M_F(\boldsymbol{F}) = 0 , \quad -F \times 2a + F_{EH} \times 2b = 0$$

得

$$F_{EH} = \frac{4}{3}F$$

（3）取节点 H 为研究对象，受力图如图 4.6（c）所示。有

$$\sum F_x = 0 , \quad F_{EH} + F_{GH} \times \frac{a}{\sqrt{a^2 + b^2}} - F_{HK} = 0$$

得

$$F_{GH} = (F_{HK} - F_{EH}) \times \frac{\sqrt{a^2 + b^2}}{a} = \frac{5}{6}F$$

$$\sum F_y = 0 , \quad -F_{GH} \times \frac{b}{\sqrt{a^2 + b^2}} - F_{HJ} = 0$$

得

$$F_{HJ} = -F_{GH} \times \frac{b}{\sqrt{a^2 + b^2}} = -\frac{F}{2}$$

【例 4.6】 用逐渐增加的水平力 **F** 去推一重为 $P = 500$ N 的衣橱，如图 4.7 所示。已知 $h = 1.3a, f_s = 0.4$，问衣橱是先翻到还是先滑动？

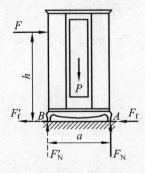

图 4.7

解：（1）分析翻到情况。此时地面法向支撑力作用在 A 点，则有

$$\sum M_A(\boldsymbol{F}) = 0, \quad F_{\min 1}h - P\left(\frac{a}{2}\right) = 0$$

$$F_{\min 1} = \frac{Pa}{2h} = \frac{a}{2 \times 1.3a}P = 0.385P = 192.5 \text{ N}$$

（2）分析滑动情况。则有

$$F_{\min 2} = f_s P = 0.4P = 200 \text{ N}$$

故先翻到。

【例 4.7】 梯子 AB 长为 $2a$，重为 $\boldsymbol{P}$，其一端置于水平面上，另一端靠在铅垂墙上，如图 4.8（a）所示。设梯子与墙壁和梯子与地板的静摩擦因数均为 f_s，问梯子与水平线所成的倾角 φ 为多大时，梯子能处于平衡？

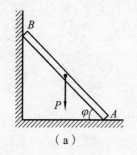
（a）

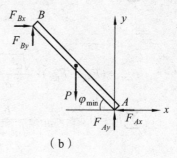
（b）

图 4.8

解： 梯子靠摩擦力才能保持平衡。A、B 两处的摩擦力都达到最大值，梯子受力图如图 4.8（b）所示。有

$$\sum F_x = 0, \quad F_{Bx} - F_{Ax} = 0 \tag{1}$$

$$\sum F_y = 0, \quad F_{Ay} + F_{By} - P = 0 \tag{2}$$

$$\sum M_A(\boldsymbol{F}) = 0, \quad Pa\cos\varphi_{\min} - F_{Bx} \cdot 2a\cos\varphi_{\min} - F_{By} \cdot 2a\sin\varphi_{\min} = 0 \tag{3}$$

$$F_{Ax} = f_s F_{Ay} \tag{4}$$

$$F_{By} = f_s F_{Bx} \tag{5}$$

将式（4）、（5）代入式（1）、（2）得

$$F_{Bx} = f_s F_{Ay}$$

$$F_{Ay} = P - f_s F_{Bx}$$

由以上两式解出

$$F_{Ay} = \frac{P}{1 + f_s^2}, \quad F_{Bx} = \frac{f_s P}{1 + f_s^2}$$

最后得出

$$\cos\varphi_{min} - f_s^2\cos\varphi_{min} - 2f_s\sin\varphi_{min} = 0$$

将 $f_s = \tan\varphi_m$ 代入上式，解出

$$\tan\varphi_{min} = \frac{1 - \tan^2\varphi_m}{2\tan\varphi_m}$$

$$= \cot 2\varphi_m = \cot\left(\frac{\pi}{2} - 2\varphi_m\right)$$

则 φ 应满足的条件是

$$\frac{\pi}{2} \geqslant \varphi \geqslant \frac{\pi}{2} - 2\varphi_m$$

【例 4.8】 图 4.9（a）所示 A、B 两物体的重力均为 150 N，与水平固定面间的静摩擦因数均为 $f_s = 0.2$，弹簧张力为 200 N。问使两物体同时开始向右滑动所需的最小力 F 之值？若已知固定面间距 $H = 32\,\mathrm{cm}$，问力 F 应作用于何处（即求 h 的值）？

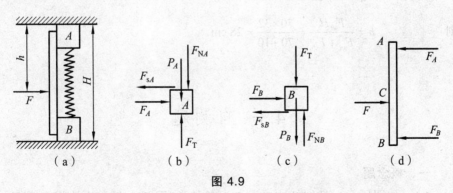

图 4.9

解：（1）受力分析如图 4.9（b）、（c）所示。则由图 4.9（b）有

$$\sum F_y = 0, \quad F_{NA} - F_T + P_A = 0$$

得 $\qquad F_{NA} = 50 \text{ N}$

由图 4.9（c）有

$$\sum F_y = 0 , \quad F_{NB} - F_T - P_B = 0$$

得 $\qquad F_{NB} = 350 \text{ N}$

相应的，有

$$F_{sA} = f_s F_{NA} = 0.2 \times 50 = 10 \text{ N}$$

$$F_{sB} = f_s F_{NB} = 0.2 \times 350 = 70 \text{ N}$$

故水平推力为

$$F_{\min} \geqslant F_{sB} + F_{sA} = 80 \text{ N}$$

（2）求 h 值。木板受力如图 4.9（d）所示，在临界状态，根据作用力与相互作用力及考虑物体的平衡有

$$F_A = F_{sA} , \quad F_B = F_{sB}$$

且满足

$$\sum M_C(\boldsymbol{F}) = 0$$

即 $\qquad F_{sA}h - F_{sB}(H - h) = 0$

则 $\qquad h = \dfrac{F_{sB}H}{F_{sA} + F_{sB}} = \dfrac{70 \times 32}{70 + 10} = 28 \text{ cm}$

4.3　自测题

一、概念题

4.1　如图所示，已知杆 OA 重 P_1，物块 M 重 P_2。杆与物块间有摩擦，而物体与地面间的摩擦略去不计。当水平力 $\boldsymbol{F}$ 增大而物块仍然保持平衡时，杆对物块 M 的正压力（　　）。

A. 由小变大　　B. 由大变小　　C. 不变　　D. 等于零

4.2 如图所示，已知：$P = 100 \text{ kN}, F = 80 \text{ kN}$，摩擦因数 $f_s = 0.2$。则物块将（   ）。

A. 向上运动   B. 向下运动   C. 静止不动

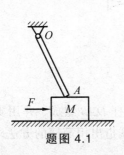

题图 4.1

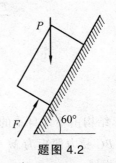

题图 4.2

4.3 在题图 4.3 所示的 4 个图中，图_____是静定结构，图_____是静不定结构。

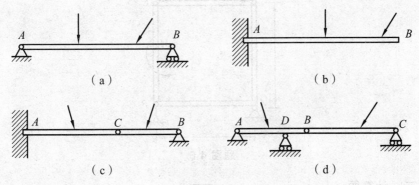

（a）   （b）

（c）   （d）

题图 4.3

4.4 试指出图示桁架中的零杆。

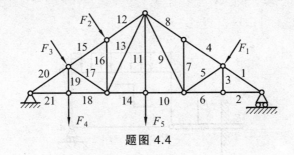

题图 4.4

4.5 指出图示桁架中的零杆。

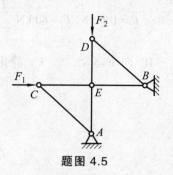

题图 4.5

4.6 结构由不计自重的直杆 BC、DC 及弯杆 DAB 组成，并用支座 A、B 固定，杆 BC 受力偶矩为 $M = qa^2$ 的力偶作用。试指出用简捷的方法求 D 铰约束反力的思路。

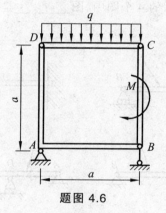

题图 4.6

二、计算题

4.7 矩形板 $ABCD$ 支承如题图 4.7 所示，自重不计，E 处为固定端约束，D、A 为光滑铰链。已知：$q = 20 \text{ kN/m}$，$M = 50 \text{ kN·m}$，$F = 10 \text{ kN}$。试求 A、E 处约束反力。

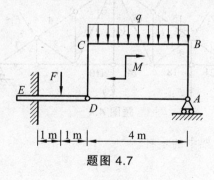

题图 4.7

4.8 试求图示多跨梁的支座反力。已知：图（a）中 $M = 8$ kN·m, $q = 4$ kN/m；图（b）中 $M = 40$ kN·m, $q = 10$ kN/m。

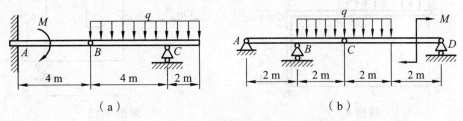

（a）　　　　　　　　　　　（b）

题图 4.8

4.9 图示水平梁由 AC、BC 两部分组成，A 端插入墙内，B 端搁在辊轴支座上，C 处用铰链连接，受 F、M 作用。已知 $F = 4$ kN, $M = 6$ kN·m，求 A、B 两处的反力。

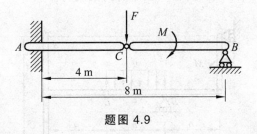

题图 4.9

4.10 试求图示结构中 AC 和 BC 两杆所受的力。已知 $q = 2$ kN/m，各杆自重均不计。

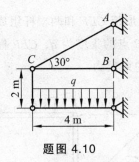

题图 4.10

4.11 图示平面构架中，A 处为固定端，E 处为固定铰支座，杆 AB、ED 与直角曲杆 BCD 铰接。已知杆 AB 受均布荷载作用，荷载集度为 q，杆 ED 受一力矩 M 的力偶作用。若不计杆的重量和摩擦，试求 A、E 两处的约束力。

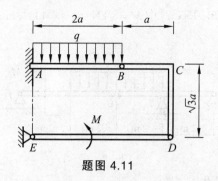

题图 4.11

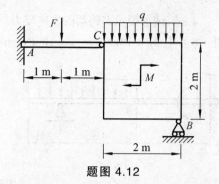

题图 4.12

4.12 图示平面静定结构，由 AC 杆和板 BC 组成，其载荷与尺寸如图所示。已知 $F = 2$ kN，$q = 2$ kN/m，$M = 2$ kN·m。试求 A、B 处的反力。

4.13 图示结构由梁 CD、DE、AEG 三杆铰接而成，尺寸及载荷如图。已知 $M = qa^2$，$F = qa$。求 A、B、C 处的约束反力。

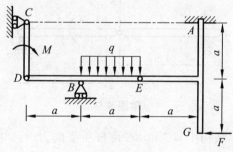

题图 4.13

4.14 图示结构由三角形板 CEF 和两根杆组成。已知 G 点作用水平力 F，AB 杆作用线性分布载荷，B 点的集度为 q，CEF 板上作用矩为 M 的力偶，试求连杆 CD 及固定端 A 的约束反力。

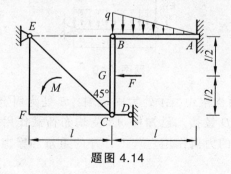

题图 4.14

4.15 图示三铰刚架，求铰链 A、B 处的反力。

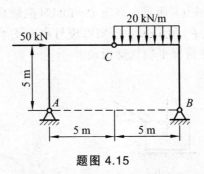

题图 4.15

4.16 在三角拱的顶部受集度为 q 的均布载荷作用，结构尺寸如图所示，不计各构件的自重。试求 A、B 两处的约束反力。

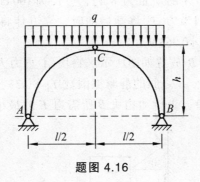

题图 4.16

4.17 图示桁架所受载荷 $F_1 = F$，$F_2 = 2F$，尺寸 a 为已知，试求杆件 CD、GF 和 GD 的内力。

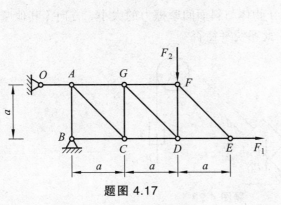

题图 4.17

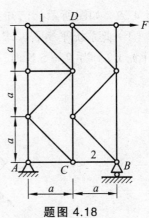

题图 4.18

4.18　求图示桁架中 1、2 杆的内力。

4.19　如图（a）、（b）所示。自重 $P = 1.0$ kN 的物块置于水平支承面上，受倾斜的力 F 作用，$F = 0.5$ kN。已知物块与水平支承面之间的静摩擦系数为 $f_s = 0.40$，问在哪种情况下物块会滑动？

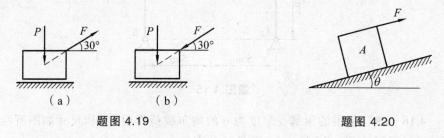

题图 4.19　　　　　　　　　　　　　　题图 4.20

4.20　图示立方体 A 的质量为 8 kg，边长为 100 cm，$\theta = 15°$。若静摩擦因数为 $f_s = 0.25$，试问当力 F 逐渐增加时，立方体将先滑动还是先翻倒？（$\sin\theta = 0.258\,8$，$\cos\theta = 0.965\,9$）

4.21　两物块 A、B 放置如图所示。物块 A 重力大小 $P_1 = 5$ kN，物块 B 重力大小 $P_2 = 2$ kN，A、B 之间的静摩擦因数 $f_{s1} = 0.25$，B 与固定水平面之间的静摩擦因数 $f_{s2} = 0.20$。求拉动物块 B 所需力 F 的最小值。

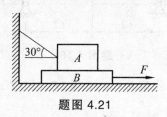

题图 4.21

4.22　如图所示，已知：$P_1 = 10$ N，$P_2 = 8$ N，$f_s = 0.4$，$\theta = 60°$。

（1）此系统平衡否？求 A 物体与斜面间摩擦力的大小、方向（其他摩擦不计）。（2）当 $P_2 = 5$ N 时，此系统平衡否？

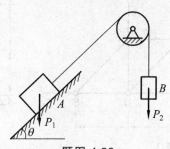

题图 4.22

4.23 无底的圆柱形空筒放在光滑的地面上，内放二球，每个球重 **P**，半径为 r，圆筒半径为 R，2r>R>r。若不计各接触处的摩擦，不计圆筒厚度，求圆筒不致翻倒的最小重量。

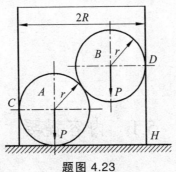

题图 4.23

4.24 图示平衡系统中，物体Ⅰ、Ⅱ、Ⅲ和Ⅳ之间分别通过光滑铰链 A、B 和 C 连接。O、E 为固定支座，D、F、G 和 H 处为杆约束。尺寸如图，b/a = 1.5。物体Ⅱ受大小为 m 的力偶作用。假定全部力均在图示平面内，且不计所有构件的自重，杆 O_3G 的内力不为零。求杆 O_4H 和杆 O_5H 所受内力之比。

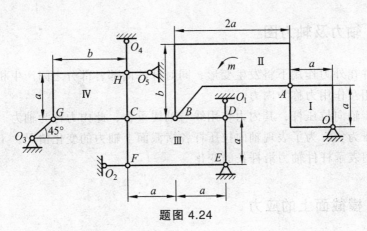

题图 4.24

第 5 章
轴向拉伸与压缩

5.1 内容提要

5.1.1 轴向拉伸与压缩

承受拉伸或压缩杆件的外力（或外力的合力）作用线与杆轴线重合，杆件沿杆轴线方向伸长或缩短，这种变形形式称为轴向拉伸或轴向压缩。这种杆件称为拉压杆。

5.1.2 轴力及轴力图

杆件在外力作用下将发生变形，同时杆件内部各部分之间产生相互作用力，此相互作用力称为内力。

对于轴向拉压杆，其内力作用线与轴线重合，此内力称为轴力。轴力拉为正，压为负。为了表现轴向拉压杆各横截面上轴力的变化情况，工程上常以轴力图表示杆件轴力沿杆长的变化。

5.1.3 横截面上的应力

根据圣文南原理，在离杆端一定距离之外，横截面上各点的变形是均匀的，各点的应力也应是均匀的，并垂直于横截面，此即为正应力。设杆的横截面面积为 A，则有

$$\sigma = \frac{F_N}{A} \tag{5.1}$$

工程计算中设定拉应力为正，压应力为负。

5.1.4　强度条件

工程中为各种材料规定了设计构件时工作应力的最高限值，称为许用应力，用[σ]表示。

轴向拉伸（压缩）强度条件为

$$\sigma = \frac{F_N}{A} \leqslant [\sigma] \tag{5.2}$$

用强度条件可解决工程中 3 个方面的强度计算问题，即：① 强度校核；② 设计截面；③ 确定许可载荷。

5.1.5　斜截面上的应力

与横截面成 α 角的任一斜截面上，通常有正应力和切应力存在，它们与横截面正应力 σ 的关系为

$$\left.\begin{array}{l} \sigma_\alpha = \dfrac{\sigma}{2}(1 + \cos 2\alpha) \\[3mm] \tau_\alpha = \dfrac{\sigma}{2}\sin 2\alpha \end{array}\right\} \tag{5.3}$$

由上式可知，当 $\alpha = 0°$ 时，正应力最大，即横截面上的正应力是所有截面上正应力中的最大值。当 $\alpha = \pm 45°$ 时，切应力达到极值。

5.1.6　拉压变形与胡克定律

等值杆受轴向拉力 F 作用，杆的原长为 l，横截面积为 A，变形后杆长由 l 变为 $l + \Delta l$，则杆的轴向伸长为

$$\Delta l = \frac{Fl}{EA} \tag{5.4}$$

用内力表示为

$$\Delta l = \frac{F_N l}{EA} \tag{5.5}$$

上式为杆件拉伸（压缩）时的胡克定律。式中的 E 称为材料的拉伸（压缩）弹性模量，EA 称为抗拉（压）刚度。

用应力与应变表示的胡克定律为

$$\sigma = E\varepsilon \tag{5.6}$$

在弹性范围内，杆件的横向应变 ε' 和轴向应变 ε 有如下的关系

$$\varepsilon' = -\mu\varepsilon \tag{5.7}$$

式中的 μ 称为泊松比。

5.1.7　简单拉压超静定问题

在上一章中已说到，当结构的未知力的个数多于静力平衡方程的个数时，只用静力平衡条件将不能求解全部未知力，这类问题称为超静定问题。未知力个数和静力平衡方程个数之差称为超静定次数。那么对于这类问题如何进行求解呢？

（1）解决超静定问题，除列出静力平衡方程外，还需找出足够数目的补充方程，这些补充方程可由结构各部分弹性变形之间的几何关系以及变形和力之间的物理关系求得，将补充方程与静力平衡方程联立求解，即可得出全部未知力。

（2）解超静定问题的步骤：

① 列出静力平衡条件。

② 观察结构可能的变形，根据变形协调关系列出结构的变形几何条件。

③ 列出物理条件。

④ 解联立方程组。

5.1.8　应力集中的概念

工程中，由于结构上和使用上的需要，构件经常带有圆孔、切槽和螺纹等。在构件形状尺寸的突变处，发生局部应力急剧增大的现象，称为应力集中。

5.1.9 材料在拉伸和压缩时的力学性质

（1）低碳钢在拉伸时的力学性质：

① 低碳钢应力-应变曲线分为 4 个阶段：弹性阶段、屈服阶段、强化阶段和局部变形阶段。

② 低碳钢在拉伸时的 3 个现象：屈服（或流动）现象、颈缩现象和冷作硬化现象。

③ 低碳钢在拉伸时的特性：

a. 比例极限 σ_P：应力、应变成比例的最大应力。

b. 弹性极限 σ_e：材料只产生弹性变形的最大应力。

c. 屈服极限 σ_s：屈服阶段相应的应力。

d. 强度极限 σ_b：材料能承受的最大应力。

④ 低碳钢在拉伸时的 2 个塑性指标：

a. 延伸率 δ。

$$\delta = \frac{l_1 - l}{l} \times 100\% \tag{5.8}$$

工程上通常将 $\delta \geqslant 5\%$ 的材料称为塑性材料，将 $\delta < 5\%$ 的材料称为脆性材料。

b. 断面收缩率 ψ。

$$\psi = \frac{A - A_1}{A} \times 100\% \tag{5.9}$$

（2）工程中对于没有明显屈服阶段的塑性材料，通常以产生 0.2% 残余应变时所对应的应力值作为屈服极限，以 $\sigma_{0.2}$ 表示，称为名义屈服极限。

（3）灰铸铁是典型的脆性材料，其拉伸强度极限较低。

（4）材料在压缩时的力学性质：

① 低碳钢压缩时弹性模量 E 和屈服极限 σ_s 与拉伸时相同，不存在抗压强度极限。

② 灰铸铁压缩强度极限比拉伸强度极限高得多，是良好的耐压、减震材料。

（5）极限应力（破坏应力）。

塑性材料以屈服极限 σ_s（或 $\sigma_{0.2}$）为其极限应力；脆性材料以强度极限 σ_b 为其极限应力。

5.2 典型题精解

【例 5.1】 一等直杆及其受力情况如图 5.1（a）所示，试作杆的轴力图。

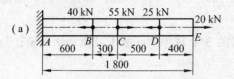

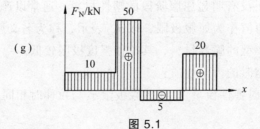

图 5.1

解：为运算方便，首先计算约束力 F_R（图 5.1（b））。由平衡方程

$$\sum F_x = 0, \quad -F_R - F_1 + F_2 - F_3 + F_4 = 0$$

得

$$F_R = 10 \text{ kN}$$

由于 AB 段内外力无变化，故 AB 段内任一横截面的内力均相等。以假想平面从 1—1 横截面处截开，取左部来考虑并假设横截面上轴力为正（图 5.1（c））。由平衡方程

$$\sum F_x = 0, \quad -F_R + F_{N1} = 0$$

得

$$F_{N1} = F_R = 10 \text{ kN}$$

计算结果为正，说明和假设方向一致，F_{N1} 为拉力。

同理可计算 BC 段内任一横截面上的轴力（图 5.1（d））为

$$F_{N2} = F_R + F_1 = 50 \text{ kN}$$

CD 段内任一横截面上的轴力（此时取右部分考虑更简单，见图 5.1（e））为

$$F_{N3} = -F_3 + F_4 = -5 \text{ kN}$$

计算结果为负值，说明和假设的方向相反，为压力。

DE 段内任一横截面上的轴力（图 5.1（f））为

$$F_{N4} = F_4 = 20 \text{ kN}$$

计算出所有段的轴力后，便可根据轴力大小，作出轴力图，如图 5.1（g）所示。从图中可以看出，AB、BC 和 DE 段受拉，CD 段受压，并且 $F_{N,\max}$ 发生在 BC 段内的任一横截面上，其值为 50 kN。

【例 5.2】 考虑图 5.2（a）所示杆的自重，作其轴力图。已知杆的横截面面积为 A，材料密度为 ρ，杆的自重为 $\boldsymbol{P}$。

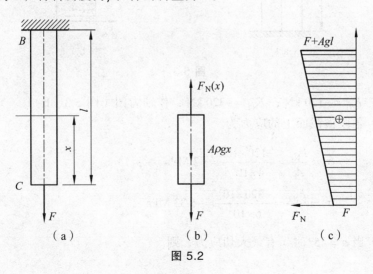

（a）　　　　　（b）　　　　　（c）

图 5.2

解： 图示杆重力可看成作用在体积内的分布力系。用一假设截面从距离 C 端 x 的地方截断，取截面以下部分为研究对象，作受力图如图 5.2（b）所示。由平衡方程

$$\sum F_y = 0 , \quad F_N(x) - F - A\rho g x = 0$$

得

$$F_N(x) = F + Agx$$

故轴力是 x 的一次函数，作轴力图如图 5.2（c）所示。

【例 5.3】 厂房立柱如图 5.3（a）所示。它受到屋顶作用的载荷 $F_1 = 120$ kN，吊车作用的载荷 $F_2 = 100$ kN，其弹性模量 $E = 18$ GPa，$l_1 = 3$ m，$l_2 = 7$ m，横截面面积 $A_1 = 400$ cm^2，$A_2 = 600$ cm^2。试画其轴力图，并求：（1）各段横截面上的应力；（2）最大切应力；（3）绝对变形 Δl。

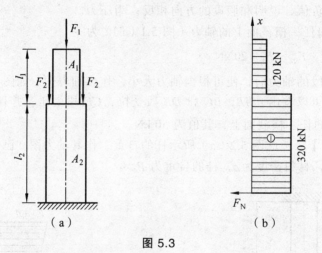

图 5.3

解： $F_{N1} = -120$ kN；$F_{N2} = -320$ kN，作轴力图（图 5.3（b））。

（1）各段横截面上的应力为

$$\sigma_1 = \frac{F_{N1}}{A_1} = \frac{-120 \times 10^3}{4 \times 10^4} = -3 \text{ MPa}$$

$$\sigma_2 = \frac{F_{N2}}{A_2} = \frac{-320 \times 10^3}{6 \times 10^4} = -5.33 \text{ MPa}$$

（2）当 $\alpha = 45°$ 时，有最大切应力，则

$$\tau_{max} = \left| \frac{\sigma_2}{2} \right| = 2.67 \text{ MPa}$$

（3）绝对变形为

$$\Delta l = \Delta l_1 + \Delta l_2 = \frac{F_{N1}l_{AB}}{EA_{AB}} + \frac{F_{N2}l_{AB}}{EA_{BC}}$$

$$= \frac{-120 \times 10^3 \times 3 \times 10^3}{18 \times 10^3 \times 4 \times 10^4} + \frac{-320 \times 10^3 \times 7 \times 10^3}{18 \times 10^3 \times 6 \times 10^4} = -2.574 \text{ mm}$$

【例 5.4】 图 5.4（a）所示桁架，在节点 B 处承受铅垂载荷 F 作用。杆 1 与杆 2 的材料相同，许用应力均为[σ]，二杆间的夹角为 θ。试分别根据杆 1 的重量最轻与整个桁架的重量最轻的要求，确定夹角 θ 的最佳值。

解：（1）内力分析。设杆 1 受拉，杆 2 受压，节点 B 的受力如图 5.4（b）所示。由平衡方程 $\sum F_x = 0$ 与 $\sum F_y = 0$ 得

$$F_{N1} = \frac{F}{\sin\theta}, \quad F_{N2} = \frac{F}{\tan\theta}$$

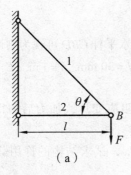

（a）　　　　　　　　　　（b）

图 5.4

（2）按杆 1 重量最轻要求确定夹角 θ 的最佳值。根据强度要求，杆 1 所需最小横截面面积为

$$A_1 = \frac{F_{N1}}{[\sigma]} = \frac{F}{[\sigma]\sin\theta}$$

由此得杆 1 的体积为

$$V_1 = A_1 l_1 = \frac{F}{[\sigma]\sin\theta} \cdot \frac{l}{\cos\theta} = \frac{2Fl}{[\sigma]\sin 2\theta}$$

显然，要使杆1的重量最轻，应使其体积最小。由上式得夹角 θ 的最佳值为

$$\theta_{\text{opt}} = 45°$$

（3）按桁架重量最轻要求确定夹角 θ 的最佳值。根据强度要求，杆 1 与杆 2 所需最小横截面面积分别为

$$A_1 = \frac{F_{N1}}{[\sigma]} = \frac{F}{[\sigma]\sin\theta}$$

$$A_2 = \frac{F}{[\sigma]\tan\theta}$$

由此得桁架的体积为

$$V = V_1 + V_2 = A_1 l_1 + A_2 l_2 = \frac{F}{[\sigma]\sin\theta} \cdot \frac{l}{\cos\theta} + \frac{Fl}{[\sigma]\tan\theta}$$

或

$$V = \frac{Fl}{[\sigma]}\left(\frac{2}{\sin 2\theta} + \frac{1}{\tan\theta}\right)$$

由上式解得，使桁架的体积或重量最小的 θ 值，即夹角的最佳值为

$$\theta_{\text{opt}} = 54°24'$$

【例 5.5】 如图 5.5（a）所示结构，水平杆 CBD 可视为刚性杆，在 D 点加垂直向下的力 F；AB 杆为钢杆，其直径 $d = 30$ mm，$a = 1$ m，$E = 2 \times 10^5$ MPa，$\sigma_P = 200$ MPa。

（1）若在 AB 杆上沿轴线方向贴一电阻应变片，加力后测得其应变值为 $\varepsilon = 715 \times 10^{-6}$，求这时所加力 F 的大小；

（2）若 AB 杆的许用应力 $[\sigma] = 160$ MPa，试求结构的许用载荷及此时 D 点的垂直位移。

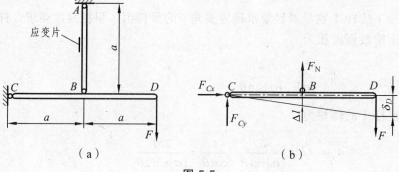

（a） （b）

图 5.5

解：（1）求力的大小。以水平梁 CBD 为研究对象，作受力图及结构的变形位移图（图 5.5（b））。检验 AB 杆的变形是否在线弹性范围之内，即

$$\varepsilon_P = \frac{\sigma_P}{E} = \frac{200 \times 10^6}{2 \times 10^{11}} = 1\,000 \times 10^{-6} > \varepsilon$$

故 AB 杆变形在线弹性范围之内。因此，杆中的应力为

$$\sigma = E\varepsilon = 2 \times 10^5 \times 715 \times 10^{-6}\ \text{MPa} = 143\ \text{MPa}$$

AB 杆中的轴力为

$$F_N = \sigma A = 143 \times 10^6 \times \frac{\pi}{4}(30)^2 \times 10^{-6}\ \text{N} = 101.1\ \text{kN}$$

由平衡条件

$$\sum M_C(F) = 0, \quad -F(2a) + F_N a = 0$$

得

$$F = \frac{F_N}{2} = 50.5\ \text{kN}$$

（2）求许用载荷及 D 点位移。由 AB 杆的强度条件，求得杆的许用轴力为

$$[F_N] = [\sigma]A = 160 \times 10^6 \times \frac{\pi}{4}(30)^2 \times 10^{-6}\ \text{N} = 113.1\ \text{kN}$$

并将其代入平衡方程，得许用载荷

$$[F] = \frac{[F_N]}{2} = 56.5\ \text{kN}$$

由变形位移图可得 D 点的垂直位移为

$$\delta_D = 2\Delta l = 2\frac{[\sigma]}{E}a = 2 \times \frac{160 \times 10^6}{2 \times 10^{11}} \times 1\ \text{m} = 1.6 \times 10^{-3}\ \text{m} = 1.6\ \text{mm}(\downarrow)$$

【例 5.6】 如图 5.6 所示横梁 AB 为刚性梁，不计其变形。杆 1、2 的材料、横截面面积、长度均相同，其 $[\sigma] = 100$ MPa，$A = 200$ mm^2。试求许用载荷 $[F]$。

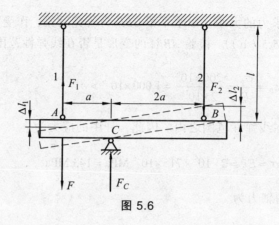

图 5.6

解：平衡方程

$$\sum M_C(\boldsymbol{F}) = 0, \quad -F_1 a + F a - F_2(2a) = 0 \tag{1}$$

几何变形方程为

$$\frac{\Delta l_1}{\Delta l_2} = \frac{a}{2a} = \frac{1}{2} \tag{2}$$

将胡克定律代入几何变形方程（2）式，则

$$\frac{F_1 l / EA}{F_2 l / EA} = \frac{F_1}{F_2} = \frac{1}{2}$$

代入平衡方程（1）式，得

$$F_1 = \frac{F}{5}, \quad F_2 = \frac{2F}{5}$$

解得

$$[F]_1 = 5[F_1] = 5[\sigma]A = 5 \times 100 \times 200 \text{ N} = 100 \text{ kN}$$

$$[F]_2 = \frac{5}{2}[F_2] = \frac{5}{2}[\sigma]A = 2.5 \times 100 \times 200 \text{ N} = 50 \text{ kN}$$

比较可知，取 $[F]$ 为 50 kN。

【例 5.7】 如图 5.7（a）所示，由铝镁合金钢质套管构成一组合柱，它们的抗压刚度分别为 $E_1 A_1$ 和 $E_2 A_2$。若轴向压力通过刚性平板作用在该柱上，试求铝镁杆和钢套管横截面上的正应力。

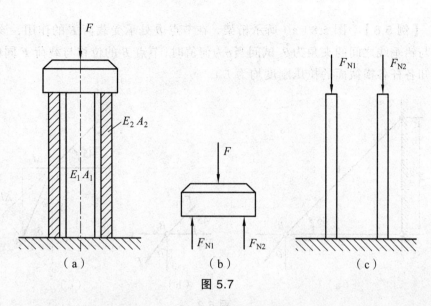

（a）　　　　　　　　（b）　　　　　　　　　（c）

图 5.7

解： 受力分析如图 5.7（b）、（c）所示。根据图 5.7（b），有平衡方程

$$\sum F_y = 0 , \quad F_{N1} + F_{N2} - F = 0$$

另有几何变形关系

$$\Delta l_1 = \Delta l_2$$

将物理关系式代入上述几何变形方程，得

$$\frac{F_{N1} l}{E_1 A_1} = \frac{F_{N2} l}{E_2 A_2}$$

将 $F_{N1} = \dfrac{E_1 A_1}{E_2 A_2} F_{N2}$ 代入平衡方程式，得

$$\frac{E_1 A_1}{E_2 A_2} F_{N2} + F_{N2} = F$$

$$F_{N2} = \frac{F}{\dfrac{E_1 A_1}{E_2 A_2} + 1} = \frac{E_2 A_2 F}{E_1 A_1 + E_2 A_2}$$

则

$$F_{N1} = F - F_{N2} = \frac{E_1 A_1 F}{E_1 A_1 + E_2 A_2}$$

【例 5.8】 图 5.8（a）所示桁架，在节点 B 处承受载荷 F 的作用，该载荷与铅垂线之间的夹角为 θ。试问当 θ 为何值时，节点 B 的位移与载荷 F 同向。已知各杆各横截面的拉压刚度均为 EA。

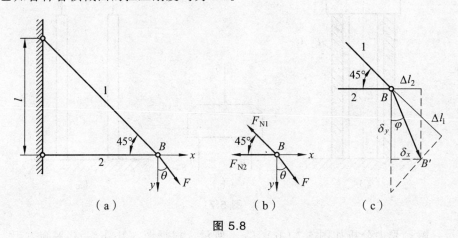

图 5.8

解：（1）杆件的内力及变形分析。

节点 B 的受力如图 5.8（b）所示，由平衡方程 $\sum F_x = 0$ 与 $\sum F_y = 0$ 得

$$F_{N1} = \sqrt{2}F\cos\theta$$

$$F_{N2} = F(\sin\theta - \cos\theta)$$

根据胡克定律，得杆 1 与杆 2 的轴向变形分别为

$$\left.\begin{array}{l} \Delta l_1 = \dfrac{F_{N1}l_1}{EA} = \dfrac{\sqrt{2}F\cos\theta \cdot \sqrt{2}l}{EA} = \dfrac{2Fl\cos\theta}{EA} \\[4mm] \Delta l_2 = \dfrac{F_{N2}l_2}{EA} = \dfrac{Fl(\sin\theta - \cos\theta)}{EA} \end{array}\right\} \tag{1}$$

（2）节点位移分析。

桁架的变形如图 5.8（c）所示，节点 B 位移至 B'，其水平与铅垂位移分别为

$$\delta_x = \Delta l_2$$

$$\delta_y = \frac{\Delta l_1}{\cos 45°} - \Delta l_2 = \sqrt{2}\Delta l_1 - \Delta l_2$$

所以，节点 B 位移的方位角为

$$\varphi = \arctan \frac{\delta_x}{\delta_y} = \arctan \frac{\Delta l_2}{\sqrt{2}\Delta l_1 - \Delta l_2}$$

将式（1）代入上式，并令 $\varphi = \theta$，得

$$\frac{1 - \tan^2 \theta}{2 \tan \theta} = -\sqrt{2}$$

由此得节点 B 位移与荷载 F 同向时的荷载方位角为

$$\theta = \frac{\arctan(-\sqrt{2})}{2} = -17.6°$$

【例 5.9】 图 5.9 所示为两端固定的杆件，求两端的约束反力。

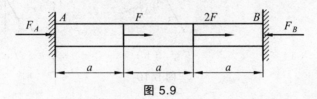

图 5.9

解： 由

$$\Delta l = \Delta l_1 + \Delta l_2 + \Delta l_3 = 0$$

即

$$\frac{F_{N1}a}{EA} + \frac{F_{N2}a}{EA} + \frac{F_{N3}a}{EA} = \frac{F_A a}{EA} + \frac{(F_A + F)a}{EA} + \frac{(F_A + 3F)a}{EA} = 0$$

得

$$F_A = -\frac{4}{3}F(\leftarrow)$$

$$\sum F_x = 0, \quad F + 2F + F_A - F_B = 0$$

$$F_B = 3F + F_A = \frac{5}{3}F(\leftarrow)$$

【例 5.10】 如图 5.10（a）所示桁架，由杆 1、杆 2 与杆 3 组成，节点 A 承受水平载荷 F 作用。试计算各杆的轴力、节点 A 处的约束力以及该节点的水平位移。已知杆 2 的长度为 l，各杆横截面的拉压刚度均为 EA。

解： 根据约束情况，节点 A 只能沿水平方向移动。在载荷 F 作用下，设

节点 A 沿水平方向位移至位置 A'（图 5.10（b）），各杆均伸长。与此相应，各杆均受拉，节点 A 的受力如图 5.10（c）所示。

可见，未知力共 4 个，而有效平衡方程仅 2 个，故为 2 次静不定。

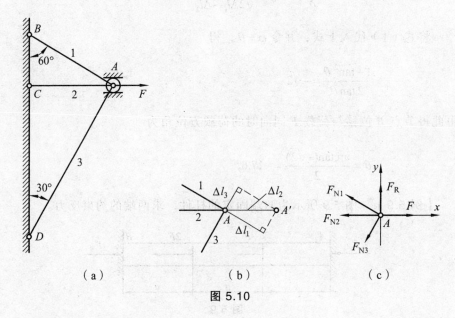

图 5.10

根据节点 A 的平衡方程

$$\sum F_x = 0 \quad 与 \quad \sum F_y = 0$$

分别得

$$2F - \sqrt{3}F_{N1} - 2F_{N2} - F_{N3} = 0 \tag{1}$$

$$2F_R + F_{N1} - \sqrt{3}F_{N3} = 0 \tag{2}$$

由变形图可以看出变形协调条件为

$$\Delta l_2 = 2\Delta l_3 \tag{3}$$

$$\sqrt{3}\Delta l_2 = 2\Delta l_1 \tag{4}$$

根据胡克定律，有

$$\Delta l_1 = \frac{F_{N1}l_1}{EA} = \frac{2F_{N1}l}{\sqrt{3}EA}, \quad \Delta l_2 = \frac{F_{N2}l_2}{EA} = \frac{F_{N2}l}{EA}, \quad \Delta l_3 = \frac{F_{N3}l_3}{EA} = \frac{2F_{N3}l}{EA}$$

将上述 3 个物理关系式代入式（3）与（4），得补充方程为

$$F_{N3} = \frac{F_{N2}}{4}$$

$$F_{N1} = \frac{3F_{N2}}{4}$$

最后，联立求解平衡方程（1）、（2）与上述补充方程，得

$$F_{N1} = \frac{6F}{9+\sqrt{3}}, \qquad F_{N2} = \frac{8F}{9+\sqrt{3}}$$

$$F_{N3} = \frac{2F}{9+\sqrt{3}}, \qquad F_R = -\frac{(3-\sqrt{3})F}{9+\sqrt{3}}(\downarrow)$$

式中 F_R 为负，即假设方向与实际方向相反，即方向为向下。

由此得节点 A 的水平位移为

$$\Delta_{Ax} = \Delta_{l_2} = \frac{F_{N2}l}{EA} = \frac{8Fl}{(9+\sqrt{3})EA}(\rightarrow)$$

5.3　自测题

一、是非题

5.1　构件的强度表示构件抵抗破坏的能力。（　　　）

5.2　杆件的某个横截面上，若轴力不为正，则各点的正应力均不为正。（　　　）

5.3　杆件的某个横截面上，若各点的正应力均不为零，则轴力也必定不为零。（　　　）

5.4　如果轴向拉伸杆横截面上的正应力为 σ，则 45°斜截面上的正应力和剪应力都是 $\sigma/2$。（　　　）

5.5　截面形状尺寸改变得越急剧，应力集中程度就越严重。（　　　）

5.6　铸铁抗拉不抗压，低碳钢抗压不抗拉。（　　　）

二、选择题

5.7　拉压杆横截面上的正应力公式 $\sigma = F_N/A$ 的主要应用条件是（　　　）。

A. 应力在比例极限以内

B. 外力合力作用线必须重合于轴线

C. 轴力沿杆轴为常数

D. 杆件必须为实心截面直杆

5.8 图示阶梯形杆受三个集中力 *F* 作用，设 *AB*、*BC*、*CD* 段的横截面面积为 *A*、2*A*、3*A*，则三段杆的横截面上（　　）。

A. 轴力不等，应力相等　　　　　　B. 轴力相等，应力不等

C. 轴力和应力都相等　　　　　　　D. 轴力和应力都不等

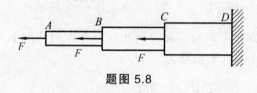

题图 5.8

5.9 图示拉杆承受轴向拉力 *F* 的作用，设斜截面 *m—m* 的面积为 *A*，则 $\sigma = F/A$ 为（　　）。

A. 横截面上的正应力　　　　　　　B. 斜截面上的剪应力

C. 斜截面上的正应力　　　　　　　D. 斜截面上的应力

题图 5.9

5.10 轴向拉伸杆，正应力最大的截面和剪应力最大的截面（　　）。

A. 分别是横截面、45°斜截面　　　B. 都是横截面

C. 分别是 45°斜截面、横截面　　　D. 都是 45°斜截面

5.11 对于低碳钢，当单向拉伸应力不大于（　　）时，胡克定律 $\sigma = E\varepsilon$ 成立。

A. 比例极限　　　　　　　　　　　B. 弹性极限

C. 屈服极限　　　　　　　　　　　D. 强度极限

5.12 解除外力后，消失的变形和遗留的变形（　　）。

A. 分别称为弹性变形、塑性变形　　B. 统称为塑性变形

C. 分别称为塑性变形、弹性变形　　D. 统称为弹性变形

5.13 关于铸铁力学性能有以下两个结论：① 抗剪能力比抗拉能力差；② 压缩强度比拉伸强度高。其中（ ）。

  A. ①正确，②不正确   B. ②正确，①不正确

  C. ①、②都正确   D. ①、②都不正确

5.14 由变形公式 $\Delta l = F_N l / EA$ 可知 $E = F_N l / \Delta l A$，即弹性模量 E（ ）。

  A. 与应力的量纲相同   B. 与荷载成正比

  C. 与杆长成正比   D. 与横截面面积成反比

5.15 一圆截面轴向拉、压杆，若其直径增加 1 倍，则抗拉（ ）。

  A. 强度和刚度分别是原来的 2 倍、4 倍

  B. 强度和刚度分别是原来的 4 倍、2 倍

  C. 强度和刚度均是原来的 2 倍

  D. 强度和刚度均是原来的 4 倍

5.16 图示杆件受到大小相等的 4 个方向力的作用。其中（ ）段的变形为零。

  A. AB   B. AC   C. AD   D. BC

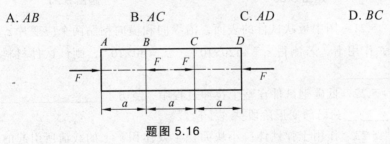

题图 5.16

5.17 直杆的两端固定，如图所示。当温度发生变化时，杆（ ）。

  A. 横截面上的正应力为零，轴向应变不为零

  B. 横截面上的正应力和轴向应变均不为零

  C. 横截面上的正应力不为零，轴向应变为零

  D. 横截面上的正应力和轴向应变均为零

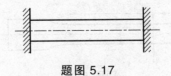

题图 5.17

5.18 两根杆件，受轴向压力作用，杆的材料、杆件长度和受力情况均相同，而两根杆件的横截面积不相同。试比较它们的轴力、横截面上的正应

力和轴向变形。下面的（　　）答案是正确的。

A. 两杆的轴力、正应力和轴向变形都相同

B. 两杆的轴力、正应力相同，而粗杆轴向变形较细杆的大

C. 两杆的轴力相同，而细杆的正应力和轴向变形都较粗杆的大

D. 细杆的轴力、正应力和轴向变形较短杆都大

三、填空题

5.19　未知力个数多于独立的平衡方程数目，则仅由平衡方程无法确定全部未知力，这类问题称＿＿＿＿＿问题。

5.20　图中阶梯形杆总变形量 $\Delta l =$ ＿＿＿＿＿。

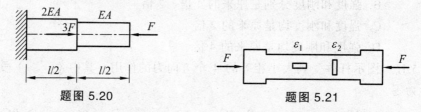

题图 5.20　　　　　　　题图 5.21

5.21　图中板状试件的表面，沿纵向和横向粘贴两个应变片 ε_1 和 ε_2，在力 F 作用下，若测得 $\varepsilon_1 = -120 \times 10^{-6}$，$\varepsilon_2 = 40 \times 10^{-6}$，则该试件材料的泊松比为＿＿＿＿＿。

5.22　低碳钢试件在整个拉伸过程中，经历了＿＿＿＿＿＿、＿＿＿＿＿＿、＿＿＿＿＿＿和局部变形阶段共 4 个阶段。

5.23　作用于弹性体一小块面积（或体积）上的载荷所引起的应力，在离载荷作用区较远处，基本上只同载荷的主矢和主矩有关；载荷的具体分布只影响作用区域附近的应力分布。这就是著名的＿＿＿＿＿原理。

5.24　图示硬铝试样，厚度 $\delta = 2$ mm，试验段板宽 $b = 20$ mm，标距 $l = 70$ mm。在轴向拉力 $F = 6$ kN 的作用下，测得试验段伸长 $\Delta l = 0.15$ mm，板宽缩短 $\Delta b = 0.014$ mm。则硬铝的弹性模量 $E =$ ＿＿＿＿＿＿；泊松比 $\mu =$ ＿＿＿＿＿＿。

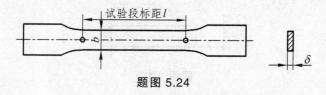

题图 5.24

5.25　＿＿＿＿＿＿和＿＿＿＿＿＿是衡量材料塑性的两个重要指标。

5.26　经过冷作硬化后的塑性材料，它的＿＿＿＿＿＿得到提高。

四、计算题

5.27 等截面直杆受力情况和各段长度如图所示，杆件截面积 $A = 200\ \text{mm}^2$，$F_1 = 30\ \text{kN}$，$F_2 = 10\ \text{kN}$，$F_3 = 10\ \text{kN}$，材料弹性模量 $E = 200\ \text{GPa}$，$[\sigma] = 200\ \text{MPa}$。试：（1）校核杆件的强度；（2）计算杆的总长度改变量 Δl。

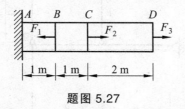

题图 5.27

5.28 一木桩受力如图所示。柱的横截面为边长 200 mm 的正方形，材料可认为符合胡克定律，其弹性模量 $E = 10\ \text{GPa}$。如不计柱的自重，试：

（1）作轴力图；

（2）求各段柱横截面上的应力；

（3）求各段柱的纵向线应变；

（4）求柱的总变形。

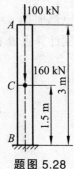

题图 5.28

5.29 图示结构，横梁 AB 是刚性杆，吊杆 CD 是等截面直杆，B 点受载荷 F 作用，在下面两种条件下分别计算 B 点的位移 Δ_B：

（1）已经测出 CD 杆的轴向应变 ε；

（2）已知 CD 杆的抗拉刚度 EA。

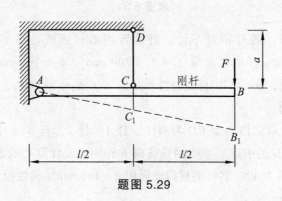

题图 5.29

5.30 一铰接结构如图所示，在水平刚性横梁的 B 端作用有载荷 F，垂直杆 1、2 的抗拉压刚度分别为 E_1A_1、E_2A_2。若横梁 AB 的自重不计，求两杆中的内力。

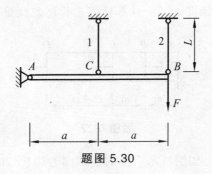

题图 5.30

5.31 简易起重支架的结构尺寸和受力情况如图所示。杆 BC 和杆 BD 的横截面积 $A = 400 \text{ mm}^2$，$P = 40 \text{ kN}$，$l_{BC} = 3 \text{ m}$，材料弹性模量 $E = 200 \text{ GPa}$。试计算点 B 在竖直方向上的位移。

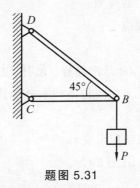

题图 5.31

5.32 如图：各杆重量不计，杆端皆用销钉连接，在节点处悬挂一重 $P = 10 \text{ kN}$ 的重物，杆横截面为 $A_1 = A_2 = 200 \text{ mm}^2$，$A_3 = 100 \text{ mm}^2$，杆 3 与杆 1 和杆 2 夹角相同，$\alpha = 45°$，杆的弹性模量为 $E_1 = E_2 = 100 \text{ GPa}$，$E_3 = 200 \text{ GPa}$，求各杆内的轴力。

5.33 如图示结构，梁 BD 为刚体，杆 1、杆 2、杆 3 的材料和横截面面积相同，在梁 BD 的中点 C 承受铅垂载荷 F 作用，试计算 C 点的水平与铅垂位移。已知载荷 $F = 20 \text{ kN}$，各杆的横截面面积 $A = 100 \text{ mm}^2$，弹性模量 $E = 200 \text{ GPa}$，梁 $L = 1\ 000 \text{ mm}$。

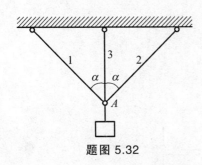

题图 5.32

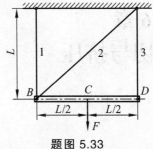

题图 5.33

5.34　如图示桁架,承受载荷 F 作用,已知各杆截面的拉压刚度均为 EA,试计算节点 B 与 C 之间的相对位移 Δ_{BC}。

5.35　如图所示结构,杆 BC 与 DG 为刚性杆,杆 1、杆 2 与杆 3 为弹性杆,结构在 D 点处承受载荷 F 作用。试求各杆的轴力、刚性杆 BC 与 DG 的转角。各杆横截面的拉压刚度均为 EA。

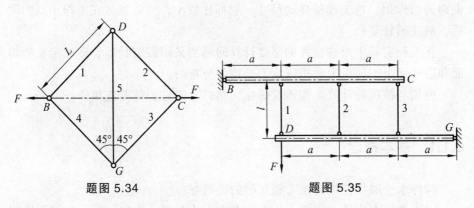

题图 5.34　　　　　　　　题图 5.35

第6章
剪切与挤压

6.1 内容提要

连接件的受力特点是受到大小相等、方向相反但作用线距离很近的一组横向力的作用。这类连接件的尺寸一般都比较小，变形发生在力作用点的附近，故变形较复杂。

在工程实际中对连接件的强度计算问题都采用假定计算，即假定在剪切面和挤压面上，剪应力和挤压应力是均匀分布的。

剪切与挤压的计算主要涉及螺栓、销钉、铆钉、键等连接件。

6.1.1 基本概念

构件承受剪切作用时受力和变形的特点有：

（1）作用在构件两侧面上外力的合力大小相等、方向相反，且作用线相距很近。

（2）两力作用线间的截面发生相对错动。

把构件具有的这种变形称为剪切变形，发生相对错动的平面称为剪切面。剪切面上的内力与横截面相切，一般用 F_s 表示。剪切面平行于作用力的方向，是构件易发生损坏的部位，是校核受剪构件的关键部分。当继续增大外力时，剪切面变形程度就会增加，外力增加到一定数值时，受剪构件就会沿剪切面剪断，从而发生破坏。

对于承受剪切的连接件，除了受到剪切作用外，还常常同时受到挤压的作用。在外力作用下，连接件和被连接的构件之间，在接触面上相互压紧的这种现象，称为挤压。

在外力作用下两构件相互压紧的表面称为挤压面，作用于挤压面上的压力称为挤压力，一般以 F_{bs} 表示；由于挤压作用而在挤压面上引起的应力，称为挤压应力，一般以 σ_{bs} 表示。若挤压应力过大，就会使接触处的局部表面发生塑性变形，导致构件发生损坏。

6.1.2 强度条件

1. 连接件的剪切强度条件

$$\tau = \frac{F_s}{A} \leqslant [\tau] \tag{6.1}$$

2. 连接件的挤压强度条件

$$\sigma_{bs} = \frac{F_{bs}}{A_{bs}} \leqslant [\sigma_{bs}] \tag{6.2}$$

当连接件和被连接件为半圆柱面接触时，挤压面积 A_{bs} 为其在垂直于挤压力方向的投影面积。

3. 剪切许用应力 $[\tau]$ 的取值

塑性材料　　$[\tau] = (0.6 \sim 0.8)[\sigma]$ $\tag{6.3a}$

脆性材料　　$[\tau] = (0.8 \sim 1.0)[\sigma]$ $\tag{6.3b}$

4. 焊缝的剪应力强度条件

焊接是工程实际中大量采用的连接方式，焊缝主要承受剪切变形。在进行强度计算时，通常假设剪切面与焊缝底面成 45°角，且认为在受剪面上切应力均匀分布。这样，焊缝的切应力强度条件为

$$\tau = \frac{F}{A_h} = \frac{F}{h_f \cos 45° \times l_f} = \frac{F}{0.7 h_f l_f} \leqslant [\tau_h] \tag{6.4}$$

6.2 典型题精解

【例 6.1】 如图 6.1 所示，螺栓受拉力 F 作用。已知材料的许用切应力 $[\tau]$ 和许用拉应力 $[\sigma]$ 之间的关系为 $[\tau] = 0.6[\sigma]$。试求螺栓直径 d 与螺栓头高度 h 的合理比例。

解： 根据图示螺栓头结构及受力情况，螺栓头受到的剪力 $F_s = F$，剪切面积 $A = \pi d h$。根据剪切强度条件，有

$$\tau = \frac{F_s}{A} = \frac{F}{\pi d h} \leqslant [\tau]$$

$$F \leqslant \pi d h [\tau] = 0.6 \pi d h [\sigma]$$

由拉压强度条件，得

$$\sigma = \frac{F_N}{A} = \frac{4F}{\pi d^2} \leqslant [\sigma]$$

$$F \leqslant \frac{1}{4} \pi d^2 [\sigma]$$

许可载荷相等时比例最合理，即

$$F = 0.6 \pi d h [\sigma] = \frac{1}{4} \pi d^2 [\sigma]$$

$$\frac{d}{h} = 2.4$$

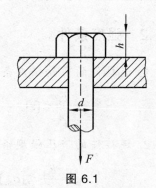

图 6.1

【例 6.2】 如图 6.2（a）、（b）所示，齿轮用平键与轴连接。已知轴的直径 $d = 70$ mm，键的尺寸为 $b \times h \times l = 20$ mm $\times 12$ mm $\times 100$ mm，传递的扭转力偶矩 $M_e = 2$ kN·m，键的许用应力 $[\tau] = 60$ MPa，$[\sigma_{bs}] = 100$ MPa。试校核键的强度。

解：（1）剪切强度校核。

将平键沿 n—n 截面分成两部分，并把 n—n 以下部分和轴作为一个整体考虑，如图 6.2（d）所示。假设在 n—n 截面上切应力均匀分布，则 n—n 截面上的剪力 F_s 为

$$F_s = A\tau = bl\tau$$

对轴心取矩，由平衡方程 $\sum M_O(\boldsymbol{F}) = 0$ 得 $F_s \cdot \dfrac{d}{2} = bl\tau \cdot \dfrac{d}{2} = M_e$。

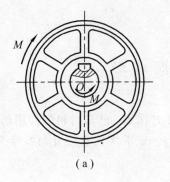

（a）

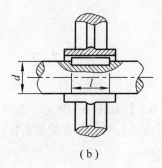

（b）

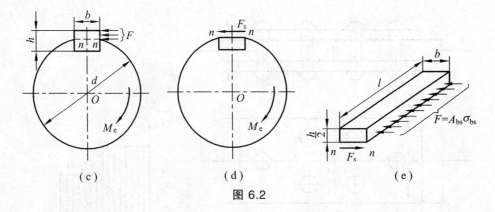

图 6.2

故

$$\tau = \frac{2M_e}{bld} = \frac{2 \times 2\,000}{20 \times 100 \times 70 \times 10^{-9}} = 28.6 \times 10^6 \text{ Pa} = 28.6 \text{ MPa} < [\tau]$$

即平键满足剪切强度条件。

（2）挤压强度校核。

考虑键在 $n—n$ 截面以上部分的平衡，如图 6.2（e）所示，在 $n—n$ 截面上的剪力 $F_s = bl\tau$，右侧面上的挤压力为

$$F_{bs} = \sigma_{bs} A_{bs} = \frac{h}{2} l \sigma_{bs}$$

在水平方向投影，得

$$F_s = F \quad \text{或} \quad bl\tau = \frac{h}{2} l \sigma_{bs}$$

则

$$\sigma_{bs} = \frac{2b\tau}{h} = \frac{2 \times 20 \times 10^{-3} \times 28.6 \times 10^6}{12 \times 10^{-3}}$$
$$= 95.3 \times 10^6 \text{ Pa} = 95.3 \text{ MPa} < [\sigma_{bs}]$$

即平键也满足挤压强度。

【例 6.3】 两厚度 $t = 10$ mm，宽 $b = 50$ mm 的钢板对接，铆钉的个数和分布如图 6.3（a）所示，上下盖板的厚度 $t_1 = 6$ mm，$F = 50$ kN，铆钉和钢板的许用应力为 $[\sigma] = 170$ MPa，$[\tau] = 100$ MPa，$[\sigma_{bs}] = 250$ MPa。试设计铆钉直径。

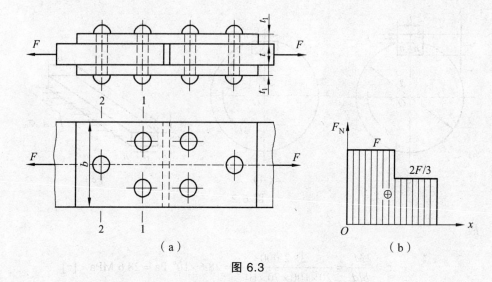

（a） （b）

图 6.3

解：（1）根据铆钉的剪切强度条件设计铆钉直径。

分析受力情况，各铆钉剪切面上的剪力为

$$F_s = F/6$$

而其剪切面积 $A = \pi d^2/4$。则由剪切强度条件得

$$\tau = \frac{F_s}{A} = \frac{F/6}{\pi d^2/4} \leqslant [\tau]$$

$$d_1 \geqslant \sqrt{\frac{2F}{3\pi[\tau]}} = \sqrt{\frac{2 \times 50 \times 10^3}{3 \times 3.14 \times 100}} = 10.3 \text{ mm}$$

（2）根据铆钉的挤压强度条件来设计铆钉直径。

名义挤压面积为 $A_{bs} = td$，挤压力为 $F_{bs} = \dfrac{F}{3}$，则

$$\sigma_{bs} = \frac{F_{bs}}{A_{bs}} = \frac{F/3}{td} \leqslant [\sigma_{bs}]$$

得 $$d_2 \geqslant \frac{F}{3t[\sigma_{bs}]} = \frac{50 \times 10^3}{3 \times 10 \times 250} = 6.7 \text{ mm}$$

（3）根据钢板的拉伸强度条件设计铆钉直径。

钢板的受力情况及轴力图如图 6.3（b）所示。横截面 1—1，中部钢板的

轴力 $F_N = \dfrac{2F}{3}$，横截面面积 $A = bt - 2td$，则

$$\sigma = \frac{F_N}{A} = \frac{2F/3}{bt - 2td} \leqslant [\sigma]$$

$$d_3 \leqslant \frac{b}{2} - \frac{F}{3t[\sigma]} = \frac{50}{2} - \frac{50 \times 10^3}{3 \times 10 \times 170} = 15.2 \text{ mm}$$

横截面 2—2，中部钢板的轴力 $F_N = F$，横截面积 $A = bt - td$。根据抗拉强度条件，得

$$\sigma = \frac{F_N}{A} = \frac{F}{bt - td} \leqslant [\sigma]$$

$$d_4 \leqslant b - \frac{F}{t[\sigma]} = 50 - \frac{50 \times 10^3}{10 \times 170} = 20.6 \text{ mm}$$

横截面 1—1，上下盖板的轴力 $F_N = F/2$，横截面积 $A = bt_1 - 2t_1 d$，则

$$\sigma = \frac{F_N}{A} = \frac{F/2}{bt_1 - 2t_1 d} \leqslant [\sigma]$$

$$d_5 \leqslant \frac{b}{2} - \frac{F}{4t_1[\sigma]} = \frac{50}{2} - \frac{50 \times 10^3}{4 \times 6 \times 170} = 12.7 \text{ mm}$$

综合上述计算，应取 $d = 11 \text{ mm}$。

【例 6.4】 图 6.4（a）所示钢带 AB，用 3 个直径与材料均相同的铆钉和接头相连接，钢带承受轴向载荷 F 作用，试校核钢带的强度。已知载荷 $F = 6 \text{ kN}$，带宽 $b = 40 \text{ mm}$，带厚 $\delta = 2 \text{ mm}$，铆钉直径 $d = 8 \text{ mm}$，孔的边距 $a = 20 \text{ mm}$，钢带材料的许用切应力 $[\tau] = 100 \text{ MPa}$，许用挤压应力 $[\sigma_{bs}] = 300 \text{ MPa}$，许用拉应力 $[\sigma] = 160 \text{ MPa}$。

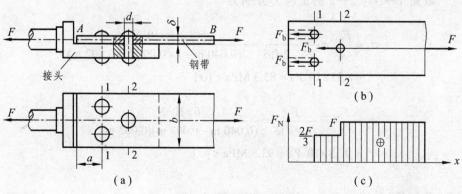

图 6.4

解：计算分析时，通常认为各铆钉剪切面的剪力相同。

钢带的受力如图 6.4（b）所示。铆钉孔所受挤压应力 F_b 等于铆钉剪切面上的剪力，因此，各铆钉孔边所受的挤压力 F_b 相同，即

$$F_b = \frac{F}{3} = \frac{6 \times 10^3\,\text{N}}{3} = 2.0 \times 10^3\,\text{N}$$

（1）钢带挤压强度校核。

孔表面的最大挤压应力为

$$\sigma_{bs} = \frac{F_b}{\delta d} = \frac{2.0 \times 10^3\,\text{N}}{(0.002\,\text{m})(0.008\,\text{m})} = 1.25 \times 10^8\,\text{Pa} = 125\,\text{MPa} < [\sigma_{bs}]$$

（2）校核钢带剪切强度。

在挤压力作用下，钢带左段虚线所示纵截面受剪，如图 6.4（b）所示，切应力为

$$\tau = \frac{F_b}{2\delta a} = \frac{2.0 \times 10^3\,\text{N}}{2(0.002\,\text{m})(0.020\,\text{m})} = 2.5 \times 10^7\,\text{Pa} = 25\,\text{MPa} < [\tau]$$

（3）校核钢带拉伸强度。作钢带的轴力图，如图 6.4（c）所示。

根据图 6.4（b）和图 6.4（c），截面 1—1 削弱最严重，截面 2—2 的轴力最大，故应对此二截面都要进行拉伸强度校核。

截面 1—1 与 2—2 的正应力分别为

$$\sigma_1 = \frac{F_{N1}}{A_1} = \frac{2F}{3(b-2d)\delta} = \frac{2(6 \times 10^3\,\text{N})}{3(0.040\,\text{m} - 2 \times 0.008\,\text{m})(0.002\,\text{m})}$$
$$= 8.33 \times 10^7\,\text{Pa} = 83.3\,\text{MPa} < [\sigma]$$

$$\sigma_2 = \frac{F_{N2}}{A_2} = \frac{F}{(b-d)\delta} = \frac{6 \times 10^3\,\text{N}}{(0.040\,\text{m} - 0.008\,\text{m})(0.002\,\text{m})}$$
$$= 9.38 \times 10^7\,\text{Pa} = 93.8\,\text{MPa} < [\sigma]$$

6.3　自测题

一、选择题

6.1　图示中，接头的挤压面积等于（　　　）。

A. ab　　　　　　　　　　B. cb

C. lb　　　　　　　　　　D. lc

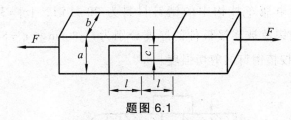

题图 6.1

6.2　在连接件上，剪切面和挤压面分别（　　　）于外力方向。

A. 垂直、平行　　　　　　　B. 平行、垂直

C. 平行　　　　　　　　　　D. 垂直

6.3　连接件切应力的实用计算是以假设（　　　）为基础的。

A. 剪应力不超过材料的剪切比例极限

B. 剪应力在剪切面上均匀分布

C. 剪切面为圆形或方形

D. 剪切面面积大于挤压面面积

6.4　关于连接件的剪切和挤压，下面说法不正确的是（　　　）。

A. 连接件与被连接件之间的接触面产生很大的法向挤压力，称为挤压应力

B. 连接件的应力和变形主要属于局部应力和局部变形

C. 由于连接件的受力和变形的分布十分复杂，在工程设计中大都采用实用计算或假定计算方法来简化计算

D. 实用计算方法假定挤压力在有效挤压面上呈三角形分布

6.5　图中板和铆钉为同一材料，已知 $[\sigma_{bs}] = 2[\tau]$，为了充分提高材料的利用率，则铆钉的直径应该是（　　　）。

A. $d = 2\delta$　　　　　　　B. $d = 4\delta$

C. $d = 4\delta/\pi$　　　　　D. $d = 8\delta/\pi$

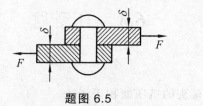

题图 6.5

二、计算题

6.6 图示电瓶车挂钩中的销钉材料为 20 号钢，$[\tau] = 30\ \text{MPa}$，直径 $d = 20\ \text{mm}$。挂钩及被连接板件的厚度分别为 $t = 8\ \text{mm}$ 和 $t_1 = 8\ \text{mm}$。牵引力 $F = 15\ \text{kN}$。试校核销钉的剪切强度。

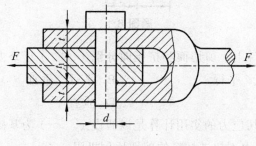

题图 6.6

6.7 如图所示螺钉受轴向拉力 F 作用，已知 $[\tau] = 0.6[\sigma]$，求其 $d:h$ 的合理比值。

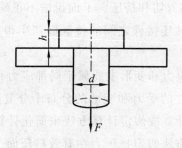

题图 6.7

6.8 如图所示，一螺栓将拉杆与厚为 8 mm 的两块盖板相连接。各零件材料相同，许用应力为 $[\sigma] = 80\ \text{MPa}$，$[\tau] = 60\ \text{MPa}$，$[\sigma_{bs}] = 160\ \text{MPa}$。若拉杆的厚度 $\delta = 15\ \text{mm}$，拉力 $F = 120\ \text{kN}$，试设计螺栓直径 d 及拉杆宽度 b。

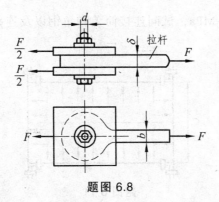

题图 6.8

6.9 图示木榫接头，作用在斜杆上的轴力 $F_N = 60$ kN，试计算截面 ab 与 bc 上的挤压应力，以及截面 db 上的切应力。已知：$\alpha = 30°$；$b_1 = 160$ mm；$l = 400$ mm；$l_1 = 250$ mm；$h = 65$ mm。计算时忽略接触面间的摩擦力。

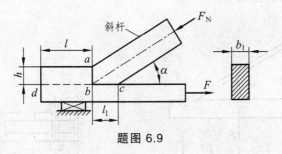

题图 6.9

6.10 如图所示，一钢板条用直径为 d 的铆钉固定在立柱上，$l = 8a$（a 为铆钉间距）。试求铆钉内的最大剪应力。

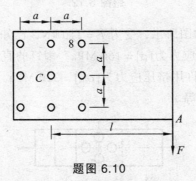

题图 6.10

6.11 如图所示，承受内压的圆筒与端盖之间用角钢和铆钉相联。已知圆筒内径 $D = 1$ m，内压力 $p = 1$ MPa，筒壁及角钢的厚度均为 10 mm。若铆钉的直径为 20 mm，许用切应力 $[\tau] = 70$ MPa，许用挤压应力 $[\sigma_{bs}] = 160$ MPa，

许用拉应力 $[\sigma] = 40\text{ MPa}$，试问连接筒盖和角钢以及连接角钢和筒壁的铆钉每边各需多少个？

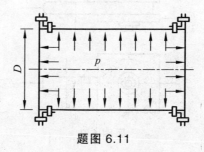

题图 6.11

6.12 图中，水平梁 A 端用螺栓连接，B、C 铰接。已知 $F = 50\text{ kN}$，$l = 4\text{ m}$，螺栓直径 $d = 20\text{ mm}$，许用切应力 $[\tau] = 80\text{ MPa}$，许用挤压应力 $[\sigma_{bs}] = 200\text{ MPa}$，校核螺栓强度。

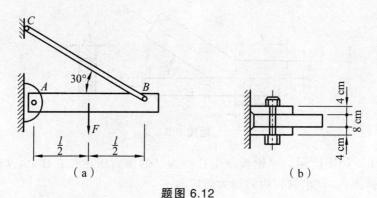

题图 6.12

6.13 一铆接头如图所示，受力 $F = 110\text{ kN}$，已知钢板厚度为 $t = 1\text{ cm}$，宽度 $b = 8.5\text{ cm}$，许用应力为 $[\sigma] = 160\text{ MPa}$，铆钉的直径 $d = 1.6\text{ cm}$，许用切应力为 $[\tau] = 140\text{ MPa}$，许用挤压应力为 $[\sigma_{bs}] = 320\text{ MPa}$。试校核铆接头的强度。（假定每个铆钉受力相等）

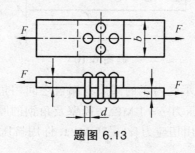

题图 6.13

6.14 已知钢板的厚度为 $\delta = 10\,\text{mm}$，其剪切强度为 $\tau_\text{b} = 300\,\text{MPa}$。用冲床将钢板冲出直径为 $d = 20\,\text{mm}$ 的孔，问需要多大的冲剪力 F？

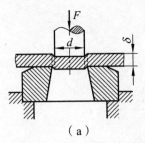

（a） （b）

题图 6.14

第7章
扭　转

7.1　内容提要

7.1.1　扭　矩

扭转变形的内力为转矩，用符号 M_n 表示。按右手螺旋将扭矩用矢量表示，矢量方向与横截面外法线方向一致时扭矩为正，反之为负。

7.1.2　切应力互等定理

切应力互等定理：在单元体相互垂直的两个平面上，切应力必然成对存在且大小相等，两者均垂直于两个作用平面的交线，其方向都指向该交线或都背离该交线。

7.1.3　剪切胡克定律

当切应力不超过材料的剪切比例极限时，切应力 τ 和切应变 γ 成线性关系，即

$$\tau = G\gamma \tag{7.1}$$

G 称为切变模量（或剪切弹性模量），常用单位为 Pa 或 GPa。

7.1.4　圆杆扭转时的应力和强度计算

（1）圆杆扭转时，横截面上的切应力垂直于半径，并沿半径线性分布，

距圆心为 ρ 处的切应力为

$$\tau_\rho = \frac{M_n}{I_P} \rho \qquad (7.2)$$

式中 M_n 为横截面的扭矩，I_P 为截面的极惯性矩。

（2）圆杆扭转时横截面上的最大切应力发生在外表面处，即

$$\tau_{\max} = \frac{M_n}{W_P} \qquad (7.3)$$

式中 $W_P = I_P/R$，称为圆杆抗扭截面系数（或抗扭截面模量）。

圆杆扭转时的强度条件为

$$\tau_{\max} \leqslant [\tau] \qquad (7.4)$$

（3）圆形截面极惯性矩和抗扭截面系数。

实心圆截面 $\quad I_P = \dfrac{\pi D^4}{32}$, $W_P = \dfrac{\pi D^3}{16}$ $\qquad (7.5\text{a})$

空心圆截面 $\quad I_P = \dfrac{\pi D^4}{32}(1-\alpha^4)$, $W_P = \dfrac{\pi D^3}{16}(1-\alpha^4)$ $\qquad (7.5\text{b})$

式中 D 为半径，d 为内径，$\alpha = d/D$。

（4）圆杆扭转时，圆杆各点处于纯剪切应力状态，其最大拉应力、最大压应力和最大切应力数值相等。

低碳钢材料抗拉与抗压的屈服强度相等，抗剪能力较差，所以低碳钢材料圆杆扭转破坏是沿横截面被剪断的。

铸铁材料抗压能力最强，抗剪能力次之，抗拉能力最差，因而铸铁材料圆杆扭转破坏是沿与杆轴线约成 45° 的斜截面被拉断的。

7.1.5　圆杆扭转时的变形和刚度计算

圆杆扭转时的变形用一个横截面相对于另一个横截面转过的角度 φ 来度量，φ 称为扭转角。

长度为 l 的等截面圆杆承受扭矩 M_n 时，圆杆两端的相对扭转角为

$$\varphi = \frac{M_n l}{G I_P} \quad (\text{rad}) \qquad (7.6)$$

式中 $G I_P$ 称为圆杆的抗扭刚度。

当两截面之间的扭矩或 GI_P 为变量时则应通过积分或分段计算各段的扭转角，并求其代数和，即为全杆的扭转角。

单位长度扭转角为

$$\theta = \frac{\varphi}{l} = \frac{M_n}{GI_P} \quad (\text{rad/m}) \tag{7.7}$$

把弧度换算为度，圆杆扭转时的刚度条件表示为

$$\theta = \frac{M_n}{GI_P} \cdot \frac{180}{\pi} \leqslant [\theta] \quad (°/\text{m}) \tag{7.8}$$

应注意：

（1）设计受扭圆杆截面时，应同时考虑到强度条件和刚度条件。

（2）对于变扭矩、变截面的受扭圆杆应分段计算最大切应力和相对扭转角。

（3）圆杆的扭转变形是相对扭转角，刚度条件是用单位长度扭转角表示的。同时注意刚度条件中单位长度扭转角的单位是°/m。

7.1.6 圆柱形密圈螺旋弹簧

圆柱形螺旋弹簧的螺旋角小于 5° 时，称为密圈螺旋弹簧。设 d 为圆形截面簧丝的直径，D 为弹簧的平均直径，弹簧承受轴向拉力（或压力）F 的作用。

1. 簧丝的应力

弹簧簧丝横截面上最大切应力

$$\tau_{\max} = k \frac{16FR}{\pi d^3} \tag{7.9}$$

式中：R 为弹簧的平均半径；$k = \dfrac{4c+2}{4c-3}$，称为校正系数；$c = \dfrac{D}{d}$，称为弹簧指数。

2. 弹簧的变形

弹簧在轴向外力 F 作用下，其变形为轴向伸长（或缩短）Δ。

$$\Delta = \frac{F}{K} \tag{7.10}$$

式中：$K = \dfrac{Gd^4}{8D^3 n}$（N/m），称为弹簧刚度（或弹簧常数）；G 为簧丝材料的切变模量（剪切弹性模量）；n 为弹簧的有效工作圈数。

7.1.7 非圆截面杆的扭转

1. 非圆截面杆扭转的概念

非圆截面杆在扭转变形后横截面不再为平面,变成一个曲面并发生翘曲,这是非圆截面杆扭转时的一个重要特征。由于截面的翘曲,平截面假设不再成立,因而圆杆的扭转公式不能应用于非圆截面杆。这里仅限于讨论自由扭转（即纯扭转）的情况,这时横截面上只有切应力。

2. 矩形截面杆

矩形截面杆扭转时,由切应力互等定理可知横截面周边上的切应力和周边相切,角点处的切应力为零。横截面上最大切应力发生在长边的中点处。

设矩形截面杆长为 l,承受扭矩 M_n,矩形截面的长为 h,宽为 b。

最大切应力
$$\tau_{\max} = \frac{M_n}{ahb^2} = \frac{M_n}{W_n} \tag{7.11}$$

杆两端的相对扭转角
$$\varphi = \frac{M_n l}{G\beta hb^3} = \frac{M_n l}{GI_n} \tag{7.12}$$

式中 $W_n = ahb^2$, $I_n = \beta hb^3$。α、β 是与长宽比相关的系数,计算时可查阅有关手册。

当长宽比 $h/b > 10$ 时,称为狭长矩形,α、β 可近似为 1/3。其最大切应力和相对扭转角分别为

$$\left. \begin{aligned} \tau_{\max} &= \frac{M_n}{\dfrac{1}{3}hb^2} \\ \varphi &= \frac{M_n l}{G\dfrac{1}{3}hb^3} \end{aligned} \right\} \tag{7.13}$$

3. 薄壁杆件的自由扭转

杆件横截面的壁厚远小于横截面的其他两个尺寸时，称为薄壁杆件。若杆件横截面中线是一条不封闭的折线或曲线，称其为开口薄壁杆件；若横截面中线是一条封闭的折线或曲线，称其为闭口薄壁杆件。

1）开口薄壁杆件

开口薄壁杆件的横截面可以看做由若干狭长矩形截面组成。设扭转时各狭长矩形之间的夹角不变，即整个横截面和组成截面的各部分的扭转角相同，都为 φ；横截面的扭矩 M_n 等于各组成部分扭矩的总和。

相距为 l 的两横截面间的扭转角

$$\varphi = \frac{M_n l}{G I_n}$$

式中：$I_n = \sum \frac{1}{3} h_i t_i^3$

任一狭长矩形 i 横截面的最大切应力

$$\tau_{i\max} = \frac{M_n t_i}{I_n} \tag{7.14}$$

整个横截面上最大切应力发生在厚度最大的矩形长边上，即

$$\tau_{\max} = \frac{M_n t_{\max}}{I_n} \tag{7.15}$$

2）闭口薄壁杆件

闭口薄壁杆件限于单孔薄壁管形杆件。由于壁厚很小，近似认为切应力沿壁厚均布，横截面上形成切应力流。在横截面的任意点，切应力与壁厚的乘积（即剪力流）等于常量。

横截面上任一点的切应力为

$$\tau = \frac{M_n}{2At} \tag{7.16}$$

式中：t 为横截面的厚度（等厚度截面 t 为常数）；A 为截面中线包围的面积。

截面的最大切应力发生在厚度最小处，即

$$\tau_{\max} = \frac{M_n}{2At_{\min}} \tag{7.17}$$

等厚度闭口薄壁杆件的扭转角为

$$\varphi = \frac{M_n sl}{4GA^2 t} \qquad (7.18)$$

式中：s 为截面中线的长度。

7.1.8　外力偶矩的计算

杆件所受外力偶（称为转矩）的大小一般不是直接给出时，应经过适当的换算。若已知轴传递的功率 P（kW）和转速 n（r/min），则轴所受的外力偶矩 $T = 9\,549\dfrac{P}{n}$（N·m）。

7.2　典型题精解

【例 7.1】 齿轮变速箱中某轴如图 7.1 所示，轴所传递的功率 $P = 5.5\,\text{kW}$，转速 $n = 200\,\text{r/min}$，$[\tau] = 40\,\text{MPa}$。试按强度条件初步设计轴的直径。

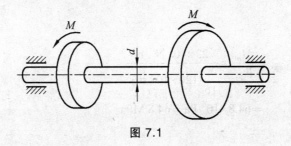

图 7.1

解： 根据外力偶矩的计算公式，得到扭矩为

$$M_n = M = 9\,550\frac{P}{n}$$

$$= 9\,550 \times \frac{5.5}{200}\,\text{N·m} = 262.6\,\text{N·m}$$

$$d \geqslant \sqrt[3]{\frac{16 M_n}{\pi[\tau]}} = \sqrt[3]{\frac{16 \times 262.6 \times 10^3}{40 \times 3.14}}\,\text{mm} = 32.2\,\text{mm}$$

故取 $\qquad d = 33 \text{ mm}$

【例 7.2】 如图 7.2（a）所示阶梯状圆轴，AB 段直径 $d_1 = 120 \text{ mm}$，BC 段直径 $d_2 = 100 \text{ mm}$。已知：$M_A = 22 \text{ kN} \cdot \text{m}$，$M_B = 36 \text{ kN} \cdot \text{m}$，$M_C = 14 \text{ kN} \cdot \text{m}$，材料的许用切应力 $[\tau] = 80 \text{ MPa}$。试校核该轴的强度。

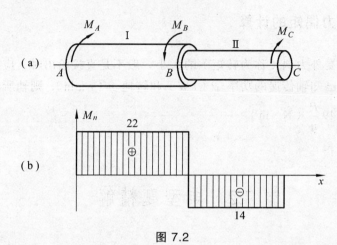

图 7.2

解：作扭矩图，如图 7.2（b）所示。分别求每段轴横截面上的最大切应力，有：

AB 段内

$$\tau_{1,\max} = \frac{M_{n1}}{W_{P1}} = \frac{22 \times 10^3 \text{ N} \cdot \text{m}}{\frac{\pi}{16} (120 \times 10^{-3} \text{ m})^3}$$

$$= 64.8 \times 10^6 \text{ Pa} = 64.8 \text{ MPa}$$

BC 段内

$$\tau_{2,\max} = \frac{M_{n2}}{W_{P2}} = \frac{14 \times 10^3 \text{ N} \cdot \text{m}}{\frac{\pi}{16} (100 \times 10^{-3} \text{ m})^3}$$

$$= 71.3 \times 10^6 \text{ Pa} = 71.3 \text{ MPa}$$

由上述计算得

$$\tau_{2,\max} < [\tau] = 80 \text{ MPa}$$

即该轴满足强度条件。

【例 7.3】 图 7.3（a）所示钢制实心圆截面轴，已知：$M_1 = 1\ 592\ \text{N} \cdot \text{m}$，$M_2 = 955\ \text{N} \cdot \text{m}$，$M_3 = 637\ \text{N} \cdot \text{m}$，$d = 70\ \text{mm}$，$l_{AB} = 300\ \text{mm}$，$l_{AC} = 500\ \text{mm}$，钢的切变模量 $G = 80\ \text{GPa}$。求横截面 C 相对于 B 的扭转角 φ_{CB}。

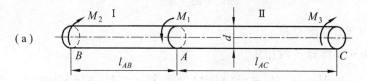

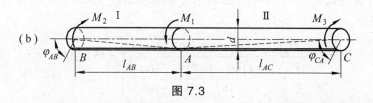

图 7.3

解：（1）用截面法求各段轴的扭矩。有

$$BA\ \text{段} \qquad M_{n1} = 955\ \text{N} \cdot \text{m}$$

$$AC\ \text{段} \qquad M_{n2} = -637\ \text{N} \cdot \text{m}$$

（2）计算各段两端相对扭转角。由图 7.3（b），有

$$\varphi_{AB} = \frac{M_{n1}l_{AB}}{GI_P} = \frac{(955 \times 10^3\ \text{N} \cdot \text{mm})(300\ \text{mm})}{(80 \times 10^3\ \text{MPa})\dfrac{\pi}{32}(70\ \text{mm})^4} = 1.52 \times 10^{-3}\ \text{rad}$$

$$\varphi_{CA} = \frac{M_{n2}l_{AC}}{GI_P} = \frac{(-637 \times 10^3\ \text{N} \cdot \text{mm})(500\ \text{mm})}{(80 \times 10^3\ \text{MPa})\dfrac{\pi}{32}(70\ \text{mm})^4} = -1.69 \times 10^{-3}\ \text{rad}$$

（3）求横截面 C 相对于 B 的扭转角。有

$$\varphi_{CB} = \varphi_{AB} + \varphi_{CA} = [1.52 + (-1.69)] \times 10^{-3} = -0.17 \times 10^{-3}\ \text{rad}$$

【例 7.4】 如图 7.4 所示阶梯形圆杆，AE 段为空心，外径 $D = 140\ \text{mm}$，内径 $d = 100\ \text{mm}$，BC 段为实心，直径 $d = 100\ \text{mm}$。外力偶矩 $M_A = 18\ \text{kN} \cdot \text{m}$，$M_B = 32\ \text{kN} \cdot \text{m}$，$M_C = 14\ \text{kN} \cdot \text{m}$。已知 $[\tau] = 80\ \text{MPa}$，$[\theta] = 1.2°/\text{m}$，$G = 80\ \text{GPa}$。试校核该轴的强度和刚度。

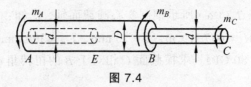

图 7.4

解： （1）强度校核。

首先分段计算各段扭矩

$$M_{nAB} = -M_A = -18 \text{ kN} \cdot \text{m} , \qquad M_{nBC} = M_C = 14 \text{ kN} \cdot \text{m}$$

再计算各段切应力。由于 AB 段有空心部分，故 AB 段最大切应力应发生在 AE 部分。

$$\tau_{AE} = \frac{|M_n|}{W_P} = \frac{18 \times 10^3}{\dfrac{\pi \times 140^3 \times 10^{-9}}{16} \left[1 - \left(\dfrac{100}{140} \right)^4 \right]} = 45.2 \text{ MPa}$$

$$\tau_{BC} = \frac{M_n}{W_P} = \frac{14 \times 10^3}{\dfrac{\pi \times 100^3 \times 10^{-9}}{16}} = 71.3 \text{ MPa}$$

因
$$\tau_{\max} = \tau_{BC} = 71.3 \text{ MPa} < [\tau] = 80 \text{ MPa}$$

故该轴的强度足够。

（2）刚度校核。

仍需分段校核。AB 段扭矩相同，但 AE 段为空心，其抗扭截面系数更小，故只需计算 AE 段的单位长度扭转角。有

$$\theta_{AE} = \frac{|M_n|}{GI_P} \frac{180}{\pi} = \frac{18 \times 10^3 \times 180}{80 \times 10^9 \times \dfrac{\pi \times 140^4 \times 10^{-12}}{32} \left[1 - \left(\dfrac{100}{140} \right)^4 \right] \times \pi}$$

$$= 0.46° / \text{m}$$

BC 段的单位长度扭转角为

$$\theta_{BC} = \frac{M_n}{GI_P} \frac{180}{\pi} = \frac{14 \times 10^3 \times 180}{80 \times 10^9 \dfrac{\pi \times 100^4 \times 10^{-12}}{32} \times \pi}$$

$$= 1.02° / \text{m}$$

因
$$\theta_{\max} = \theta_{BC} = 1.02° / \text{m} < [\theta] = 1.2° / \text{m}$$

故该轴刚度足够。

【**例 7.5**】 图 7.5（a）所示阶梯形圆轴 AC，长为 l，由两段平均半径均为 R_0 的薄壁圆管 AB 与 BC 焊接而成，圆管承受集度为 m 的均布扭力偶作用。试按重量要求最轻，确定 AB 与 BC 段的长度 l_1 与 l_2，及其壁厚 δ_1 与 δ_2。许用切应力为 $[\tau]$。

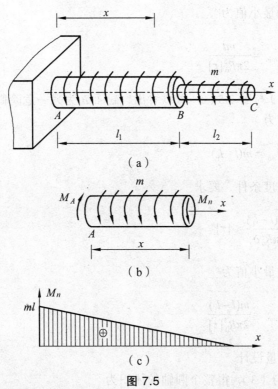

图 7.5

解：（1）扭矩分析。

设固定端的支反力偶矩为 M_A，则由平衡方程 $\sum M_x(\boldsymbol{F})=0$，得

$$M_A = ml$$

由图 7.5（b）可以看出，x 截面的扭矩为

$$M_n = M_A - mx = m(l - x) \tag{1}$$

扭矩图如图 7.5（c）所示，最大扭矩为

$$M_{n\max} = ml$$

（2）轴的强度条件分析。

显然截面 A 为危险截面，根据扭转强度条件，要求

$$\frac{ml}{2\pi R_0^2 \delta_1} \leqslant [\tau]$$

由此得壁厚 δ_1 的最小值为

$$\delta_{1\min} = \frac{ml}{2\pi R_0^2 [\tau]} \tag{2}$$

由图 7.5（a）与图 7.5（c）可以看出，截面 B 为另一危险截面。由式（1）得该截面的扭矩为

$$M_{nB} = m(l - l_1)$$

根据扭转强度条件，要求

$$\frac{m(l - l_1)}{2\pi R_0^2 \delta_2} \leqslant [\tau]$$

由此得壁厚 δ_2 的最小值为

$$\delta_{2\min} = \frac{m(l - l_1)}{2\pi R_0^2 [\tau]} \tag{3}$$

（3）最轻重量设计。

由式（2）与（3），得整个圆轴的体积为

$$V = 2\pi R_0 \delta_{1\min} l_1 + 2\pi R_0 \delta_{2\min} l_2 = \frac{m}{[\tau] R_0}(l^2 - l l_1 + l_1^2)$$

为使轴的重量最轻，要求

$$\frac{\mathrm{d}V}{\mathrm{d}l_1} = 0$$

于是得

$$l_1 = \frac{l}{2}$$

并得

$$l_2 = l - \frac{l}{2} = \frac{l}{2}$$

$$\delta_2 = \frac{ml}{4\pi R_0^2 [\tau]}$$

7.3　自测题

一、是非题

7.1　当圆轴扭转变形时，杆件横截面上只产生角位移。（　　）

7.2　圆轴扭转时横截面与纵截面均保持为平面。（　　）

7.3　对于圆截面的受扭杆件，其横截面上最大的切应力发生在横截面圆周上各点。（　　）

7.4　圆轴扭转时，其横截面上无正应力。（　　）

二、选择题

7.5　在图示受扭圆轴上，在 AB 段（　　）。

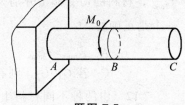

A. 有变形，无位移

B. 有位移，无变形

C. 既有变形，又有位移

D. 既无变形，也无位移

题图 7.5

7.6　在轴向拉压杆和受扭圆轴的横截面上分别产生（　　）。

A. 线位移、线位移　　　　　　　B. 角位移、角位移

C. 线位移、角位移　　　　　　　D. 角位移、线位移

7.7　在以下 4 个单元体的应力状态中，（　　）是正确的纯剪切状态。

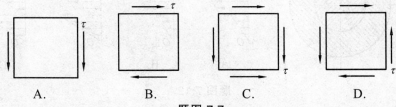

A.　　　　　　　B.　　　　　　　C.　　　　　　　D.

题图 7.7

7.8 切应力互等定理是由单元体的（　　　）导出的。

A. 静力平衡关系　　　　　　　　B. 几何关系

C. 物理关系　　　　　　　　　　D. 强度条件

7.9 微单元体的受力状态如图所示。已知上下两面的切应力为 τ，则左右侧面上的切应力为（　　　）。

A. $\tau/2$　　　　　　　B. τ

C. 2τ　　　　　　　D. 0

7.10 根据圆轴扭转的平面假设，可以认为圆轴扭转时其扭转截面（　　　）。

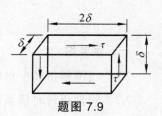

题图 7.9

A. 形状尺寸不变，直径仍为直线

B. 形状尺寸改变，直径仍为直线

C. 形状尺寸不变，直径不保持直线

D. 形状尺寸改变，直径不保持直线

7.11 两根长度相等、直径不等的圆轴受扭后，轴表面上母线转过相同的角度。设直径大的轴和直径小的轴的横截面上最大切应力分别为 $\tau_{1\max}$ 和 $\tau_{2\max}$，材料的切变模量分别为 G_1 和 G_2。关于 $\tau_{1\max}$ 和 $\tau_{2\max}$ 的大小，请判断哪一个是正确的。（　　　）

A. $\tau_{1\max} > \tau_{2\max}$　　　　　　　B. $\tau_{1\max} < \tau_{2\max}$

C. 若 $G_1 > G_2$，则有 $\tau_{1\max} > \tau_{2\max}$　　　D. 若 $G_1 > G_2$，则有 $\tau_{1\max} < \tau_{2\max}$

7.12 由两种不同材料组成的圆轴，里层和外层材料的切变模量分别为 G_1 和 G_2，且 $G_1 = 2G_2$。圆轴尺寸如图所示。圆轴受扭时，里、外层之间无相对滑动。关于横截面上的切应力分布，（　　　）是正确的。

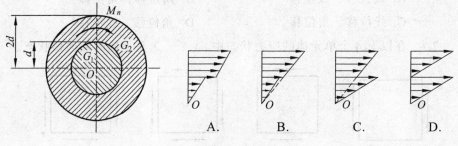

题图 7.12

7.13 圆轴表面在变形前画一微正方形如图所示，则受扭时该正方形变为（　　）。

　　　A. 正方形　　　　B. 矩形　　　C. 菱形　　　D. 平行四边形

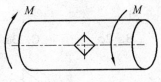

题图 7.13

7.14 如图所示，传动轴转速 $n = 200$ r/min，此轴上轮 A 输入功率为 $P_A = 160$ kW，轮 B、C 的输出功率分别为 $P_B = 60$ kW，$P_C = 100$ kW。为使轴横截面上的最大扭矩最小，轴上三个轮子的布置从左到右顺序安排比较合理的是（　　）。

　　　A. B、A、C　　　　　　　B. A、B、C
　　　C. A、C、B　　　　　　　D. C、B、A

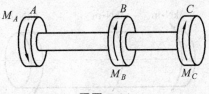

题图 7.14

7.15 在下图所示受扭圆轴横截面上的切应力分布图中，正确的切应力分布应是（　　）。

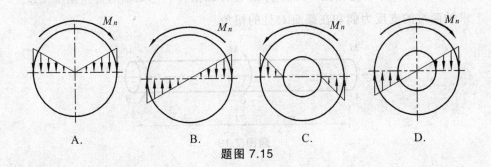

A.　　　　　　　B.　　　　　　　C.　　　　　　　D.

题图 7.15

7.16 直径为 D 的实心圆轴,两端受扭转力矩作用,轴内最大切应力为 τ,若轴的直径改为 $D/2$,则轴内的最大切应力变为（　　　）。

    A. 2τ B. 4τ C. 8τ D. 16τ

7.17 已知图示两圆轴的材料和横截面积均相同。若图（a）中 $\varphi_{BA} = \varphi$,则图（b）中 φ_{BA} 等于（　　　）。

    A. φ B. 2φ C. 3φ D. 4φ

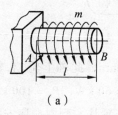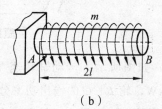

（a）   （b）

题图 7.17

三、计算题

7.18 如图所示,实心圆轴直径 $D = 80\ \text{mm}$,外力偶矩如图所示。若 $[\tau] = 100\ \text{MPa}$,试计算轴上最大切应力 $\tau_{\max}$,并校核该轴的强度。

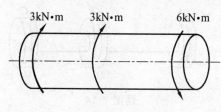

题图 7.18

7.19 长为 l 的等截面圆轴 AB,两端固定,在轴上距 A 端和距 B 端分别为 a、b 的截面 C 处作用一外力偶 M 使杆轴扭转。已知轴的抗扭刚度 GI_P,求轴两端的支反力偶和在截面 C 处的扭角。

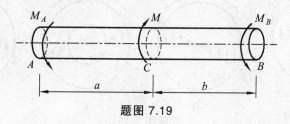

题图 7.19

7.20　图示等直圆截面杆受均布力偶作用，材料切变模量 $G = 80$ GPa，许用切应力 $[\tau] = 30$ MPa。试绘制扭矩图，设计杆的直径 D。若 $[\theta] = 2°/m$，校核杆的刚度。

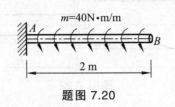

题图 7.20

7.21　已知钻探机钻杆的外径为 $D = 60$ mm，内径 $d = 50$ mm，功率 $P = 7.355$ kW，转速 $n = 180$ r/min，钻杆入土深度 $l = 40$ m，钻杆材料的 $G = 80$ GPa，许应切应力 $[\tau] = 40$ MPa。假设土壤对钻杆的阻力是沿长度均匀分布的，试求：（1）单位长度上土壤对钻杆的阻力矩集度；（2）作钻杆的扭矩图，并进行强度校核；（3）两端截面的相对扭转角。

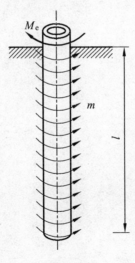

题图 7.21

7.22　图示受扭轴，承受扭力偶矩 M_1 与 M_2 作用。轴由薄壁圆管 AB、实心圆轴 CD 并用环形圆盘 BC 连接所组成。设圆管 AB 的外径 $D = 33$ mm，内径 $d = 30$ mm，管长 $l_1 = 200$ mm，圆轴 CD 的直径 $d_2 = 20$ mm，轴长 $l_2 = 200$ mm，圆盘 BC 的厚度 $\delta = 3$ mm，扭力偶矩 $M_1 = M_2 = 90$ N·m，许用切应力

$[\tau] = 80\,\text{MPa}$，切变模量 $G = 80\,\text{GPa}$。试校核该轴的强度，并计算轴端截面 D 的扭转角。

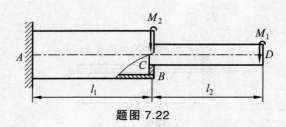

题图 7.22

第 8 章
弯　曲

8.1　内容提要

当直杆在垂直于杆轴线的横向外力作用时，杆将发生弯曲变形，杆轴线弯成曲线。通常把以弯曲变形为主要变形的杆件称为梁。

8.1.1　弯曲应力

1. 平面弯曲

工程实际中的梁，大多是具有一个纵向对称平面的等直梁。梁的载荷作用在纵向对称平面内，并与梁轴线垂直，梁弯曲时，其轴线将在对称平面内弯成平面曲线，这种弯曲称为平面弯曲。

当梁横截面上既有弯矩又有剪力时，梁的弯曲称为横力弯曲。梁横截面上只有弯矩时，梁的弯曲称为纯弯曲。

2. 弯曲正应力

1）梁在纯弯曲时的正应力

在平面截面假设的前提下，设想梁是由无数层纵向纤维组成，弯曲变形后，梁的一侧纤维伸长，另一侧纤维缩短，其中必有一层纤维既不伸长也不缩短，这一层称为中性层，中性层和横截面的交线称为中性轴。中性轴通过截面的形心。

以中性轴为 z 轴，截面铅垂对称轴为 y 轴且向下为正，并设中性层的曲率半径为 ρ。则纵向纤维的线应变

$$\varepsilon = \frac{y}{\rho} \qquad\qquad (8.1)$$

弯曲正应力为

$$\sigma = E\frac{y}{\rho} \qquad\qquad (8.2)$$

梁弯曲时横截面上正应力的计算公式为

$$\sigma = \frac{M}{I_z}y \qquad\qquad (8.3)$$

式中：M 和 I_z 分别为所研究截面的弯矩和截面图形对中性轴 z 的惯性矩；y 为所求应力点到中性轴的距离。计算时 M 和 y 均用绝对值代入，所求点的应力符号可根据梁的变形情况来确定。

2）公式适用对象

梁弯曲正应力公式适用材料处于线弹性范围内的纯弯曲梁，可推广到剪切弯曲梁以及小曲率杆的弯曲中。

3. 弯曲切应力

1）矩形截面切应力公式

$$\tau = \frac{F_s S^*}{bI_z} \qquad\qquad (8.4)$$

式中：τ 是横截面上距中性轴 z 为 y 处的切应力；F_s 是横截面上的剪力；I_z 是横截面对中性轴的惯性矩；b 是所求切应力处横截面的宽度；S^* 是距中性轴为 y 的横线一侧部分横截面面积对中性轴的静矩。

切应力大小沿矩形截面高度是按二次抛物线的规律变化的，在中性轴上各点处最大，为 $\tau_{max} = 1.5F_s/A$，是横截面上平均切应力的 1.5 倍。

2）截面最大切应力

常见截面最大切应力总是出现在中性轴上各点处。圆形截面 $\tau_{max} = 4F_s/3A$，薄壁圆环截面 $\tau_{max} = 2F_s/A$，工字形（或箱体等）截面 $\tau_{max} = F_s/A$（A 为腹板的面积）。

4. 弯曲强度条件

1）正应力强度条件

梁横截面上最大正应力发生在截面最外边缘的各点处，即

$$\sigma_{max} = \frac{M_{max}}{I_z} y_{max} \qquad (8.5)$$

对于塑性材料，其抗拉和抗压能力相等，通常将梁的截面做成与中性轴对称的形状，强度条件为

$$\sigma_{max} = \frac{M_{max}}{W_z} \leqslant [\sigma] \qquad (8.6)$$

式中：$W_z = I_z/y_{max}$，称为抗弯截面系数。

对于脆性材料，其抗压能力远大于抗拉能力，常把梁的横截面做成与中性轴不对称的形状，使中性轴偏向受拉一侧。其最大拉应力和最大压应力分别在中性轴两侧距中性轴最远处，强度条件为

$$\left.\begin{aligned}\sigma_{max}^{+} &\leqslant [\sigma^{+}] \\ \sigma_{max}^{-} &\leqslant [\sigma^{-}]\end{aligned}\right\} \qquad (8.7)$$

式中：$[\sigma^{+}]$ 及 $[\sigma^{-}]$ 分别为材料的许用弯曲拉应力及许用弯曲压应力。

2）切应力强度条件

对于截面高而跨度短的梁、薄壁截面梁以及承受剪力较大和抗剪强度差的梁，应进行切应力强度校核。对于截面为圆形、矩形等实心细长梁（梁长比截面高度大得多），切应力和其弯曲正应力相比可以忽略不计。

梁的切应力强度条件为

$$\tau_{max} \leqslant [\tau] \qquad (8.8)$$

5. 提高梁弯曲强度的途径

细长梁在多数情况下，其强度主要取决于正应力。提高梁的强度就是采取各种可能的措施来降低梁的正应力，这就要求减小梁的弯矩值及提高抗弯截面系数，这可从合理安排梁的支承和载荷、选取合理截面及等强度梁等方面考虑。

6. 弯曲中心的概念

当杆件横向力作用平面平行于杆件的形心主惯性平面且通过某一特定点时，杆件只发生弯曲变形而不发生扭转，这一特性点称为弯曲中心。弯曲中

心只与截面的几何形状及尺寸有关，具有对称轴的截面的弯曲中心必在对称轴上。

7．解题方法要点

1）基本思路

通常在进行弯曲强度计算时，应先画出梁的剪力图和弯矩图，在弯矩（绝对值）最大的截面校核弯曲正应力强度，在剪力（绝对值）最大截面校核弯曲切应力强度。

2）脆性材料的弯曲强度

对于铸铁一类脆性材料梁进行弯曲强度计算时，应全面考虑最大正、负弯矩所在截面的正应力，找出全梁的最大拉压正应力，然后再进行正应力强度校核。

3）截面设计

在进行梁的截面设计时，应同时满足正应力和切应力的强度条件，一般先按正应力强度条件选择截面，然后再进行切应力强度校核。

4）变截面梁

对于变截面梁，应考虑抗弯截面系数较小截面处的弯曲强度。

8.1.2 弯曲变形

1．挠度和转角

梁弯曲变形后，梁轴线将弯成连续而光滑的曲线，称为挠曲线。以梁在变形前的轴线 x 为轴，左端为坐标原点 O，y 轴向上为正。梁的挠曲线为 xy 平面内的一条平面曲线。

梁的弯曲变形可用两个基本量来度量。

（1）挠度：横截面形心在 y 方向的线位移称为挠度，用 y 表示。向上的挠度为正挠度，反之为负。

（2）转角：横截面绕中性轴转动的角位移，称为该截面的转角，用 θ 表示，逆时针转动为正，反之为负。

梁上各截面的挠度 y 为截面位置 x 的函数，挠曲线方程为 $y = f(x)$。挠曲线上任一点的斜率与转角之间有如下关系

$$\theta = \frac{\mathrm{d}y}{\mathrm{d}x}$$

即梁挠曲线上任一点处切线的斜率等于该点处横截面的转角。

2. 挠曲线近似微分方程

梁弯曲时，曲率和弯矩的关系为

$$\frac{1}{\rho(x)} = \frac{M(x)}{EI(x)} \qquad (8.9)$$

式中 $EI(x)$ 为梁的抗弯刚度。在小变形的情况下，挠曲线近似微分方程式为

$$\frac{\mathrm{d}^2 y}{\mathrm{d}x^2} = \frac{M(x)}{EI(x)} \qquad (8.10)$$

3. 梁变形的求解

1）直接积分法

对于等截面梁，抗弯刚度 EI 为常数，对挠曲线近似微分方程式进行积分一次，得转角方程

$$EI\frac{\mathrm{d}y}{\mathrm{d}x} = EI\theta = \int M(x)\mathrm{d}x + C \qquad (8.11)$$

再积分一次，得挠曲线方程

$$EIy = \iint M(x)\mathrm{d}x\mathrm{d}x + Cx + D \qquad (8.12)$$

式中：C、D 为积分常数，可利用梁的边界条件和挠曲线连续条件来确定。求得常数 C、D 后，则可确定梁的转角和挠度。

2）叠加法

在线弹性范围内，梁的挠度和转角是载荷的线性函数，当梁上有几个载荷同时作用时，可先分别计算每个载荷单独作用时梁所产生的变形，然后按代数值求和，即得梁的实际变形，这种方法称为叠加法。

4. 梁的刚度条件与提高弯曲刚度的措施

1）梁的刚度条件

$$\left.\begin{array}{l} |y| \leqslant [y] \\ |\theta| \leqslant [\theta] \end{array}\right\} \qquad (8.13)$$

式中[y]及[θ]分别为许用挠度和许用转角。

2）提高弯曲刚度的措施

梁的变形不仅与梁的支承和载荷情况有关，还和梁的材料、截面及跨度有关。提高梁强度的措施，一般也适用于提高梁的刚度。梁的跨度对刚度影响比对强度的影响要大得多，减小梁的跨度，对提高弯曲刚度的作用特别显著。

5. 梁变形的求解方法要点

1）直接积分法

应用积分法时，坐标原点一般取在梁的左端，x 轴向右为正，y 轴向上为正。在列出各力区的弯矩方程后，分别对各力区挠曲线微分方程进行二次积分，利用边界条件及各力区交接截面处梁的连续性求解各积分常数，即可得到梁各力区的转角方程和挠度方程。

2）叠加法

在计算多载荷或变截面梁指定截面的变形值时，采用叠加法较为方便。
应用叠加法的技巧性较强，需要特别注意全面考虑梁的变形，不要多出或遗漏一些变形分量。

（1）直接积分法是求解梁的变形的基本方法。

（2）叠加法是利用简单静定梁在基本载荷作用下的位移，求解一般梁在复杂载荷作用下的位移，可分为载荷叠加和变形叠加两种。

① 载荷叠加：用于等截面直梁同时受几个载荷作用。

② 变形叠加：用于较复杂的梁、弹性支承梁及刚架等。求解时把梁分解为几段简单静定梁，各段梁除受本段梁的载荷外，还应考虑相邻段梁的变形（包括弹性支承的变形）所引起该段梁的刚体位移。

6. 曲率与弯矩关系的应用

对于一些载荷未知，但梁的某一点（或某一段）的曲率可直接得到的情况，可利用曲率和弯矩间的关系求解。

8.2 典型题精解

【例 8.1】 图 8.1（a）所示简支梁由 56a 号工字钢制成，不考虑自重，其截面简化后的尺寸如图 8.1（b）所示。已知 $F = 150$ kN。试求危险截面上的最大正应力 σ_{max} 和同一横截面上翼缘与腹板交界处 a 点处（图（b））的正应力 σ_a。

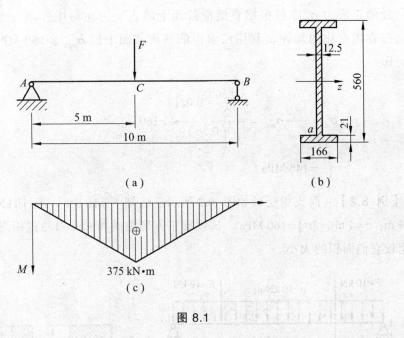

图 8.1

解：（1）由于不考虑梁的自重，该梁的弯矩图如图 8.1（c）所示，截面 C 为危险截面，相应的最大弯矩值为

$$M_{max} = \frac{Fl}{4} = \frac{150 \times 10}{4} = 375 \text{ kN} \cdot \text{m}$$

由型钢规格表查得 56a 号工字钢截面

$$W_z = 2\,342 \text{ cm}^3 , \quad I_z = 65\,586 \text{ cm}^4$$

于是有

$$\sigma_{max} = \frac{M_{max}}{W_z} = \frac{375 \times 10^3}{2\,342 \times 10^{-6}} = 160 \text{ MPa}$$

危险截面上点 a 处的正应力为

$$\sigma_a = \frac{M_{max}y_a}{I_z} = \frac{375 \times 10^3 \times \left(\frac{0.56}{2} - 0.021\right)}{65\,586 \times 10^{-8}} = 148 \text{ MPa}$$

该点处的正应力 σ_a 亦可根据直梁横截面上的正应力在与中性轴 z 垂直的方向按直线变化的规律，利用已求得的该横截面上的 $\sigma_{max} = 160$ MPa 来计算，即

$$\sigma_a = \frac{y_a}{y_{max}}\sigma_{max} = \frac{\left(\frac{0.56}{2} - 0.021\right)}{\left(\frac{0.56}{2}\right)} \times 160$$

$$= 148 \text{ MPa}$$

【例 8.2】 简支梁受载如图 8.2 所示。已知 $F = 10$ kN，$q = 10$ kN/m，$l = 4$ m，$c = 1$ m，$[\sigma] = 160$ MPa。试设计正方形截面和 $b/h = 1/2$ 的矩形截面，并比较它们面积的大小。

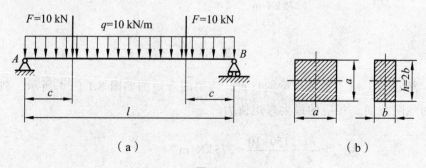

图 8.2

解：由对称性可得出支座反力

$$F_A = 30 \text{ kN}, \quad F_B = 30 \text{ kN}$$

在梁的中点有最大弯矩为

$$M_{max} = 3 \times 10^7 \ \text{N} \cdot \text{mm}$$

对于正方形截面，由式 $W_z = \dfrac{a^3}{6}$ 和正应力强度条件 $\sigma_{max} = \dfrac{M_{max}}{W_z} \leqslant [\sigma]$，得

$$a \geqslant \sqrt[3]{\dfrac{6M_{max}}{[\sigma]}} = \sqrt[3]{\dfrac{6 \times 3 \times 10^7}{160}} = 104 \ \text{mm}$$

所以正方形截面的面积

$$A_1 = a^2 = 10\ 816 \ \text{mm}^2$$

对于长方形截面，由式 $W_z = \dfrac{bh^2}{6}$，$b/h = 1/2$ 和正应力强度条件 $\sigma_{max} = \dfrac{M_{max}}{W_z} \leqslant [\sigma]$，得

$$h \geqslant \sqrt[3]{\dfrac{12M_{max}}{[\sigma]}} = \sqrt[3]{\dfrac{12 \times 3 \times 10^7}{160}} = 131.1 \ \text{mm}$$

所以长方形截面的面积

$$A_2 = bh = 131.1^2 / 2 = 8\ 580 \ \text{mm}^2$$

正方形截面的面积大于长方形截面的面积。

【例 8.3】 一简易吊车的示意图如图 8.3 所示，其中 $F = 30 \ \text{kN}$，跨长 $l = 5 \ \text{m}$。吊车大梁由 20a 号工字钢制成，许用弯曲正应力 $[\sigma] = 170 \ \text{MPa}$，许用切应力 $[\tau] = 100 \ \text{MPa}$。试校核梁的强度。

解：（1）校核正应力强度。吊车梁可简化为简支梁，如图 8.3（b）所示。

载荷移至跨中 C 截面处（图（b））时梁的横截面上的最大弯矩比载荷在任何其他位置都要大。载荷在此最不利载荷位置时的弯矩图如图 8.3（c）所示。有

$$M_{max} = \dfrac{Fl}{4} = 37.5 \ \text{kN} \cdot \text{m}$$

（a）

（2）最轻重量设计。

根据上述分析，得梁的体积为

$$V = 2abh_{1,\min} + (l-2a)bh_{2,\min}$$

$$= 2ab\sqrt{\frac{3Fa}{b[\sigma]}} + (l-2a)b\sqrt{\frac{3Fl}{2b[\sigma]}}$$

可见，体积 V 是尺寸 a 的函数。

为使梁的重量最轻，应使梁的体积最小，即应使

$$\frac{dV}{da} = 3\sqrt{\frac{3Fab}{[\sigma]}} - \sqrt{\frac{6Flb}{[\sigma]}} = 0$$

由此得尺寸 a 的最佳值为

$$a_{opt} = \frac{2l}{9}$$

将其带入式（2），得截面高度 h_1 的最佳值为

$$h_{1,opt} = \sqrt{\frac{2Fl}{3b[\sigma]}}$$

至于截面高度 h_2，其最小值已由式（1）确定，此即最佳值。

【例 8.5】   如图 8.5 所示梁，求梁的转角方程和挠度方程，并求最大转角和最大挠度。梁的 EI 已知，$l = a + b$，$a > b$。

解：（1）求约束力。

$$F_A = \frac{Fb}{l}, \quad F_B = \frac{Fa}{l}$$

（2）分段写出弯矩方程。

AC 段 $M(x_1) = F_A x_1 = \dfrac{Fb}{l}x_1 \quad (0 \leqslant x_1 \leqslant a)$

CB 段 $M(x_2) = F_A x_2 - F(x_2 - a) = \dfrac{Fb}{l}x_2 - F(x_2 - a) \quad (a \leqslant x_2 \leqslant l)$

（3）列挠曲线近似微分方程并积分。

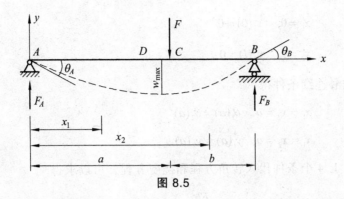

图 8.5

AC 段 $0 \leqslant x_1 \leqslant a$

$$EI\frac{\mathrm{d}^2 y_1}{\mathrm{d}x_1^2} = M(x_1) = \frac{Fb}{l}x_1$$

积分一次得转角方程

$$EI\frac{\mathrm{d}y_1}{\mathrm{d}x_1} = EI\theta(x_1) = \frac{Fb}{2l}x_1^2 + C_1$$

再积分一次得挠度方程

$$EIy_1 = \frac{Fb}{6l}x_1^3 + C_1 x_1 + D_1$$

CB 段 $a \leqslant x_2 \leqslant l$

$$EI\frac{\mathrm{d}^2 y_2}{\mathrm{d}x_2^2} = M(x_2) = \frac{Fb}{l}x_2 - F(x_2 - a)$$

积分一次得转角方程

$$EI\frac{\mathrm{d}y_2}{\mathrm{d}x_2} = EI\theta(x_2) = \frac{Fb}{2l}x_2^2 - \frac{F}{2}(x_2 - a)^2 + C_2$$

再积分一次得挠度方程

$$EIy_2 = \frac{Fb}{6l}x_2^3 - \frac{F}{6}(x_2 - a)^3 + C_2 x_2 + D_2$$

（4）由边界条件确定积分常数。

由位移边界条件得

$$x_1 = 0, \quad y_1(0) = 0$$

$$x_2 = l, \quad y_2(l) = 0$$

由光滑连续条件得

$$x_1 = x_2 = a, \quad \theta_1(a) = \theta_2(a)$$

$$x_1 = x_2 = a, \quad y_1(a) = y_2(a)$$

将以上 4 个条件代入转角方程和挠度方程，可以求得

$$C_1 = C_2 = -\frac{1}{6}Fbl + \frac{Fb^3}{6l}$$

$$D_1 = D_2 = 0$$

（5）确定转角方程和挠度方程。

AC 段　$0 \leqslant x_1 \leqslant a$

$$EI\theta_1 = \frac{Fb}{2l}x_1^2 - \frac{Fb}{6l}(l^2 - b^2)$$

$$EIy_1 = \frac{Fb}{6l}x_1^3 - \frac{Fb}{6l}(l^2 - b^2)x_1$$

CB 段　$a \leqslant x_2 \leqslant l$

$$EI\theta_2 = \frac{Fb}{2l}x_2^2 - \frac{F}{2}(x_2 - a)^2 - \frac{Fb}{6l}(l^2 - b^2)$$

$$EIy_2 = \frac{Fb}{6l}x_2^3 - \frac{F}{6}(x_2 - a)^3 - \frac{Fb}{6l}(l^2 - b^2)x_2$$

（6）确定最大转角和最大挠度。

令 $\dfrac{\mathrm{d}\theta}{\mathrm{d}x} = 0$，当 $x = l$ 时，得

$$\theta_{max} = \theta_B = \frac{Fab}{6EIl}(l + a)$$

令 $\dfrac{\mathrm{d}y}{\mathrm{d}x} = 0$，当 $x = \sqrt{\dfrac{l^2 - b^2}{3}}$ 时，得

$$y_{max} = -\frac{Fb\sqrt{(l^2 - b^2)^3}}{9\sqrt{3}EIl}$$

【例 8.6】 如图 8.6 所示梁，B 端为弹性支持，其弹簧常数为 k（即产生单位位移所需之力）。梁承受三角形分布载荷，最大集度的绝对值为 q_0。试用积分法计算截面 B 的转角。设弯曲刚度 EI 为常数。

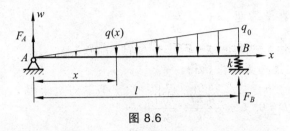

图 8.6

解：（1）求外力与弯矩方程。

分布载荷的合力为 $q_0 l/2$，并作用在离 A 端 $2l/3$ 处。利用梁的平衡方程，求得铰支座 A 与弹性支持 B 的支反力分别为

$$F_A = \frac{q_0 l}{6}, \quad F_B = \frac{q_0 l}{3}$$

在截面 x 处，载荷集度的绝对值为

$$q(x) = \frac{q_0 x}{l}$$

由此得梁的弯矩方程为

$$M(x) = F_A \cdot x - \frac{xq(x)}{2} \cdot \frac{x}{3} = \frac{q_0 l}{6} \cdot x - \frac{q_0}{6l} \cdot x^3 \tag{1}$$

（2）挠曲线微分方程的解与积分常数。

由式（1）得梁的挠曲轴微分方程及其积分依次为

$$EI \frac{d^2 y}{dx^2} = \frac{q_0 l}{6} x - \frac{q_0}{6l} x^3$$

$$EI \frac{dy}{dx} = \frac{q_0 l}{12} x^2 - \frac{q_0}{24l} x^4 + C \tag{2}$$

$$EIy = \frac{q_0 l}{36} x^3 - \frac{q_0}{120l} x^5 + Cx + D \tag{3}$$

在外力作用下，弹性支持 B 因轴向压缩而缩短，其变形为

$$\delta_B = \frac{F_B}{k} = \frac{q_0 l}{3k}$$

所以，梁的位移边界条件为

在 $x = l$ 处，$y = -\dfrac{q_0 l}{3k}$

在 $x = 0$ 处，$y = 0$

由式（3）与上述边界条件，得

$$D = 0, \quad C = -\frac{q_0 EI}{3k} - \frac{7q_0 l^3}{360}$$

（3）求截面 B 的转角。

将所得积分常数代入式（2），并令 $x = l$，即得截面 B 的转角为

$$\theta_B = \frac{q_0 l^3}{45EI} - \frac{q_0}{3k}$$

【例 8.7】 一外伸钢梁如图 8.7 所示，梁的弹性模量 $E = 200\,\text{GPa}$，$I = 400 \times 10^6\,\text{mm}^4$，$B$ 点处的弹簧常数 $k = 4 \times 10^3\,\text{kN/m}$，当自由端承受 $F = 50\,\text{kN}$ 时，试求自由端的挠度和转角。

解：（1）求弹簧变形 Δ。

由 $\qquad \sum M_A(F) = 0$，$\quad F_B \times 6 - F(6 + 3) = 0$

$$F_B = 1.5F = 75\,\text{kN}$$

则 $\qquad \Delta = \dfrac{F_B}{K} = \dfrac{75 \times 10^3}{4 \times 10^3} = 18.75\,\text{mm}$

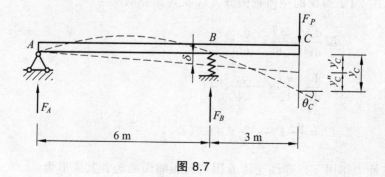

图 8.7

（2）求自由端挠度和转角。

设 F_B 在自由端产生的挠度和转角分别为 y_c'、θ_c'、F 在自由端产生的挠度和转角分别为 y_c''、θ_c''，它们可以查阅，由叠加法得

$$y_c = y_c' + y_c'' = \Delta \times \frac{9}{6} + \frac{Fa^2}{3EI}(L+a)$$

$$= (18.75 \times 10^{-3}) \times \frac{9}{6} + \frac{(50 \times 10^3)(3^2)}{3(200 \times 10^9)(400 \times 10^{-6})}(6+3)$$

$$= 45 \text{ mm}(\downarrow)$$

$$\theta_c = \theta_c' + \theta_c'' = \frac{\Delta}{6} + \frac{F_P a(2L+3a)}{6EI}$$

$$= \frac{18.75 \times 10^{-3}}{6} + \frac{(50 \times 10^3)(3)}{6(200 \times 10^9)(400 \times 10^{-6})}(2 \times 6 + 3 \times 3)$$

$$= 9.69 \times 10^{-3} \text{ rad}(\downarrow)$$

【例 8.8】 已知简支梁受力如图 8.8（a）所示；q、l、EI 均为已知。用叠加法求 C 截面的挠度 y_C 及 B 端面的转角 θ_B。

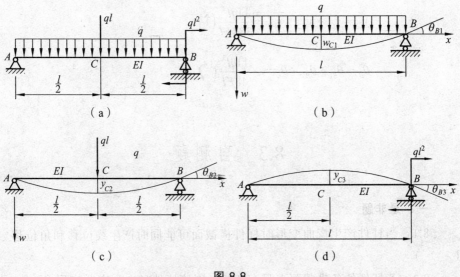

图 8.8

解：将梁上载荷分解，如图 8.8（b）、（c）、（d）所示。复杂载荷可分解为均布载荷、集中力和集中力偶分别作用在梁上。则复杂载荷作用下梁的挠度和转角分别为

$$y_C = y_{C1} + y_{C2} + y_{C3}$$

$$\theta_B = \theta_{B1} + \theta_{B2} + \theta_{B3}$$

其中 y_{Ci}、θ_{Bi} ($i = 1, 2, 3$)分别为简单载荷单独作用在梁上 C 截面的挠度和 B 端面的转角。

通过查表，可得 3 种情形下相应的挠度和转角，即

$$y_{C1} = -\frac{5ql^4}{384EI}, \quad \theta_{B1} = \frac{ql^3}{24EI}$$

$$y_{C2} = -\frac{ql^4}{48EI}, \quad \theta_{B2} = \frac{ql^3}{16EI}$$

$$y_{C3} = \frac{ql^4}{16EI}, \quad \theta_{B3} = -\frac{ql^3}{3EI}$$

应用叠加法，将简单载荷作用时的结果求和，得 C 截面的挠度和 B 端面的转角分别为

$$y_C = y_{C1} + y_{C2} + y_{C3} = \frac{11ql^4}{384EI}(\uparrow)$$

$$\theta_B = \theta_{B1} + \theta_{B2} + \theta_{B3} = -\frac{11ql^3}{48EI}(\curvearrowright)$$

8.3　自测题

一、是非题

8.1　当杆件产生弯曲变形时杆件横截面可能同时产生线位移和角位移。
(　　)

8.2　若杆件的各横截面上只有弯矩，则该杆件只产生弯曲变形。(　　)

8.3　平面弯曲时，横截面中性轴上各点处的正应力为零。(　　)

8.4　梁内最大弯曲正应力一定发生在弯矩值最大的截面上。(　　)

8.5　梁内最大弯曲切应力一定发生在剪力最大的截面上。(　　)

8.6 挠度和转角是度量梁的弯曲变形的两个基本参数。其中，挠度是指梁变形时横截面的形心沿垂直于杆件轴线方向上的线位移。（　　　）

8.7 梁内弯矩为零的横截面上挠度一定为零。（　　　）

8.8 梁内弯矩为零的横截面上转角一定为零。（　　　）

8.9 梁发生弯曲变形时，最大弯矩处挠度最大。（　　　）

8.10 梁发生弯曲变形时，最大弯矩处转角最大。（　　　）

二、选择题

8.11 杆件发生弯曲变形时，横截面通常（　　　）。

  A. 只发生线位移　　　　　　　　B. 只发生角位移

  C. 发生线位移和角位移　　　　　D. 不发生位移

8.12 以下（　　　）不是平面弯曲变形的特征。

  A. 弯曲时横截面仍保持为平面

  B. 弯曲载荷均作用在同一平面内

  C. 弯曲变形后的轴线是一条平面曲线

  D. 弯曲变形后的轴线与载荷作用面不在同一个平面内

8.13 梁横力弯曲时，其横截面上（　　　）。

  A. 只有正应力，无剪应力　　　　B. 只有剪应力，无正应力

  C. 既有正应力，又有剪应力　　　D. 既无正应力，也无剪应力

8.14 图示矩形平面，若高度 h 不变，宽度 b 减为 $0.5b$，则其抗弯截面模量 W_z、W_y 分别减为原来的（　　　）。

  A. 0.25、0.5　　　　　　　　　　B. 0.5、0.25

  C. 0.5、0.5　　　　　　　　　　　D. 0.25、0.25

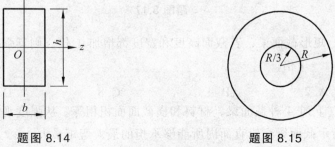

题图 8.14   题图 8.15

8.15 空心圆轴如图所示，内外半径分别是 $R/3$ 和 R，截面的极惯性矩为（　　）。

A. $\dfrac{20\pi R^3}{81}$

B. $\dfrac{40\pi R^3}{81}$

C. $\dfrac{40\pi R^4}{81}$

D. $\dfrac{20\pi R^4}{81}$

8.16 图中正方形截面悬臂梁，若其他条件不变，横截面边长由 a 变为 $a/2$，其最大正应力是原来的（　　）倍。

A. 1/8

B. 8

C. 2

D. 1/2

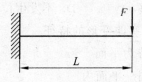

题图 8.16

8.17 图中圆形截面悬臂梁，梁长为 L，横截面直径为 d，在自由端受一集中力 F 作用，则梁上最大正应力是（　　）。

A. $\dfrac{64FL}{\pi d^4}$

B. $\dfrac{32FL}{\pi d^3}$

C. $\dfrac{16FL}{\pi d^3}$

D. $\dfrac{16FL}{\pi d^4}$

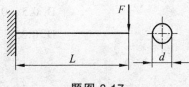

题图 8.17

8.18 矩形截面梁，若截面高度和宽度都增加 1 倍，则其强度将提高到原来的（　　）倍。

A. 2　　　　　　B. 4　　　　　　C. 8　　　　　　D. 16

8.19 下列 4 种截面梁，材料和横截面面积相等。从强度观点考虑，图（　　）所示截面梁在铅直面内所能够承担的最大弯矩最大。

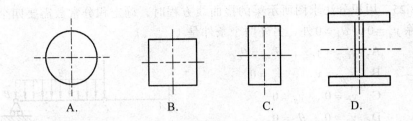

A.　　　　B.　　　　C.　　　　D.

题图 8.19

8.20　图所示梁段上，BC 梁段（　　　）。

A. 有变形，无位移

B. 有位移，无变形

C. 既有位移，又有变形

D. 既无位移，又无变形

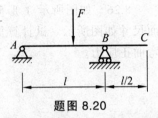

题图 8.20

8.21　图示梁，若力偶矩 M_e 在梁上移动，则梁的（　　　）。

A. 约束力变化，B 端位移不变

B. 约束力不变，B 端位移变化

C. 约束力和 B 端位移都不变

D. 约束力和 B 端位移都变化

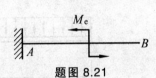

题图 8.21

8.22　梁的挠度是（　　　）。

A. 挠曲面上任一点沿梁轴垂直方向的线位移

B. 横截面形心沿梁轴垂直方向的线位移

C. 横截面形心沿梁轴方向的线位移

D. 横截面形心的位移

8.23　在下列关于梁转角的说法中，（　　　）是错误的。

A. 转角是横截面绕中性轴转过的角位移

B. 转角是变形前后同一横截面间的夹角

C. 转角是挠曲线之切线与横坐标轴间的夹角

D. 转角是横截面绕梁轴线转过的角度

8.24　等截面直梁在弯曲变形挠曲线曲率在最大（　　　）处一定最大。

A. 挠度　　　　　　　　　　　B. 转角

C. 剪力　　　　　　　　　　　D. 弯矩

8.25 用积分法求图所示梁的挠曲线方程时，确定积分常数需要四个条件，除 $y_A = 0$，$\theta_A = 0$ 外，另外两个条件是（　　　）。

A. $y_{C左} = y_{C右}$，$\theta_{C左} = \theta_{C右}$

B. $y_{C左} = y_{C右}$，$y_B = 0$

C. $y_C = 0$，$y_B = 0$

D. $y_B = 0$，$\theta_C = 0$

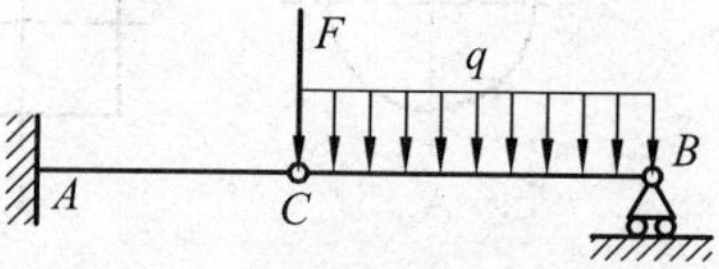

题图 8.25

三、计算题

8.26 如图所示 T 形截面简支梁受均布载荷作用，梁自重不计。梁横截面尺寸如图所示。试计算最大弯矩截面上的最大拉伸弯曲正应力和最大压缩弯曲正应力。

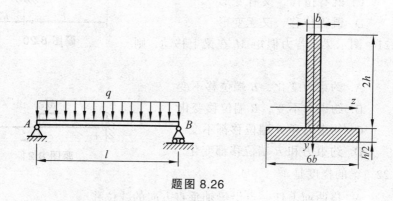

题图 8.26

8.27 图示矩形截面梁，已知 $F = 50 \ kN$，$q = 10 \ kN/m$，$a = 2 \ m$，$[\sigma] = 120 \ MPa$，$[\tau] = 50 \ MPa$。绘出剪力图和弯矩图，并校核梁的强度。

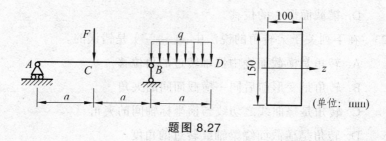

题图 8.27

8.28 如图所示矩形截面简支梁，梁自重不计，$F = 40 \ kN$。梁横截面尺寸如图所示（单位：mm）。试计算梁上 C 截面处的 E、F 两点处的弯曲正应力和切应力。

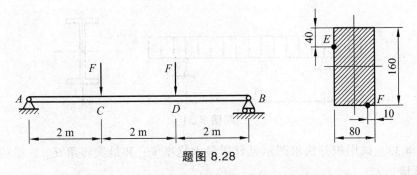

题图 8.28

8.29 图示木梁受一可移动载荷 $F = 40$ kN 作用。已知 $[\sigma] = 10$ MPa ，$[\tau] = 3$ MPa 。木梁的截面为矩形，其高宽比 $\dfrac{h}{b} = \dfrac{3}{2}$ 。试选择梁的截面尺寸。

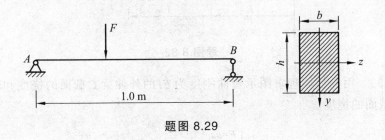

题图 8.29

8.30 铸铁梁受载荷情况如图示。已知截面对形心轴的惯性矩 $I_z = 403 \times 10^{-7}\,\mathrm{m}^4$ ，铸铁抗拉强度 $[\sigma_+] = 5\,0\mathrm{MPa}$ ，抗压强度 $[\sigma_-] = 125$ MPa 。试按正应力强度条件校核梁的强度。

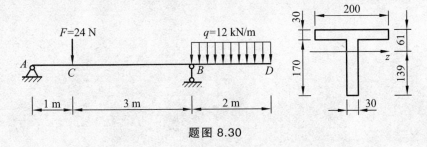

题图 8.30

8.31 图示外伸梁由 25a 号工字钢制成，其截面的抗弯截面系数 $W_z = 401.88\ \mathrm{cm}^3$ ，跨度 $l = 6$ m ，全梁受集度为 q 的均布载荷作用。当支座处截面 A 、B 上及跨中截面 C 上的最大正应力均为 $\sigma = 140$ MPa 时，试问外伸部分的长度 a 及载荷集度 q 各等于多少？

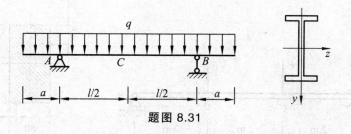

题图 8.31

8.32 试用积分法求图示悬臂梁最大挠度 y_{max} 和最大转角 θ_{max}。梁的 EI 为常量。

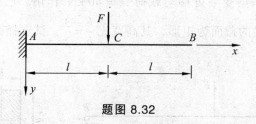

题图 8.32

8.33 用叠加原理求图示弯曲刚度为 EI 的外伸梁 C 截面的挠度和转角以及 D 截面的挠度。

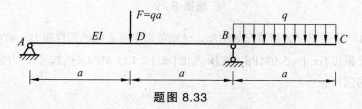

题图 8.33

第9章
应力状态理论和强度理论

9.1 内容提要

9.1.1 应力状态理论

1. 应力状态的概念

（1）一般情况下，受力构件内各点的应力是不同的，且同一点的不同方位截面上应力也不相同。过构件内某一点不同方位上总的应力情况，称为该点的应力状态。

（2）研究一点的应力状态，通常是围绕该点截取一个微小的正六面体（即单元体）来考虑。单元体各面上的应力假设是均匀分布的，并且每对互相平行截面上的应力，其大小和性质完全相同，3 对平面上的应力代表通过该点互相垂直的 3 个截面上的应力。当单元体 3 个互相垂直截面上的应力已知时，可通过截面法确定该点任一截面上的应力。截取单元体时，应尽可能使其 3 个互相垂直截面的应力为已知。

（3）单元体上切应力等于零的截面称为主平面，主平面上的正应力称为主应力。过受力构件内任一点，一定可以找到一个由 3 个相互垂直主平面组成的单元体，称为主单元体。它的 3 个主应力通常用 σ_1、σ_2 和 σ_3 来表示，它们按代数值大小顺序排列，即 $\sigma_1 > \sigma_2 > \sigma_3$。

（4）一点的应力状态常用该点的 3 个主应力来表示，根据 3 个主应力的情况可分为 3 类：只有 1 个主应力不等于零时，称为单向应力状态；有 2 个主应力不等于零时，称为二向应力状态（或平面应力状态）；3 个主应力都不等于零时，称为三向应力状态。其中二向和三向应力状态称为复杂应力状态，单向应力状态称为简单应力状态。

（5）研究一点的应力状态是对构件进行强度计算的基础。

2. 平面应力状态的分析

（1）分析一点的平面应力状态有解析法和图解法两种方法，应用两种方法时都必须已知过该点任意一对相互垂直截面上的应力值，从而求得任一斜截面上的应力。

（2）应力圆和单元体相互对应，应力圆上的一个点对应于单元体的一个面，应力圆上点的走向和单元体上截面转向一致。应力圆一点的坐标为单元体相应截面上的应力值；单元体两截面夹角为α，应力圆上两对应点中心角为2α；应力圆与σ轴两个交点的坐标为单元体的两个主应力值；应力圆的半径为单元体的最大切应力值。

（3）在平面应力状态中，过一点的所有截面中，必有一对主平面，也必有一对与主平面夹角为 45°的最大（最小）切应力截面。

（4）在平面应力状态中，任意两个相互垂直截面上的正应力之和等于常数。

图 9.1（a）所示单元体为平面应力状态的一般情况。单元体上，与x轴垂直的平面称为x平面，其上有正应力σ_x和切应力τ_{xy}；与y轴垂直的平面称为y平面，其上有正应力σ_y和切应力τ_{yx}；与z轴垂直的z平面上应力等于零，该平面是主平面，其上主应力为零。平面应力状态也可用图 9.1（b）所示单元体的平面图来表示。设正应力以拉应力为正，切应力以截面外法线顺时针转 90°所得的方向为正，反之为负。

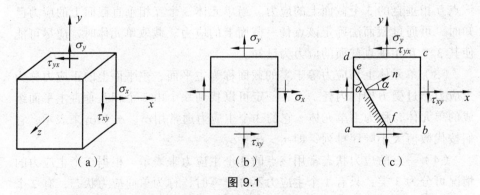

图 9.1

图 9.1（c）所示斜截面的外法线与x轴之间的夹角为α。规定α角从x轴逆时针向转到截面外法线n方向时为正。α斜截面上的正应力和切应力为

$$\left.\begin{array}{l}\sigma_\alpha = \dfrac{\sigma_x+\sigma_y}{2}+\dfrac{\sigma_x-\sigma_y}{2}\cos 2\alpha - \tau_{xy}\sin 2\alpha \\[3mm] \tau_\alpha = \dfrac{\sigma_x-\sigma_y}{2}\sin 2\alpha + \tau_{xy}\cos 2\alpha\end{array}\right\} \tag{9.1}$$

最大正应力和最小正应力为

$$\left.\begin{array}{l}\sigma_{\max}\\ \sigma_{\min}\end{array}\right\} = \dfrac{\sigma_x+\sigma_y}{2}\pm\sqrt{\left(\dfrac{\sigma_x-\sigma_y}{2}\right)^2+\tau_{xy}^2} \tag{9.2}$$

最大正应力和最小正应力是平面应力状态的两个主应力，其所在截面即为两个主平面，方位由下式确定

$$\tan 2\alpha_0 = -\dfrac{2\tau_{xy}}{\sigma_x-\sigma_y} \tag{9.3}$$

最大切应力和最小切应力

$$\left.\begin{array}{l}\tau_{\max}\\ \tau_{\min}\end{array}\right\} = \pm\sqrt{\left(\dfrac{\sigma_x-\sigma_y}{2}\right)^2+\tau_{xy}^2} \tag{9.4}$$

最大切应力和最小切应力所在截面相互垂直，且和两个主平面成 45°，其方位由下式确定

$$\tan 2\alpha_1 = \dfrac{\sigma_x-\sigma_y}{2\tau_{xy}} \tag{9.5}$$

3. 平面应力状态分析的图解法

在 σ、τ 直角坐标系中，平面应力状态可用一个圆表示，如图 9.2 所示。其圆心坐标为 $\left(\dfrac{\sigma_x+\sigma_y}{2},0\right)$，半径为 $\sqrt{\left(\dfrac{\sigma_x-\sigma_y}{2}\right)^2+\tau_x^2}$。该圆周上任一点的坐标都对应着单元体上某一个 α 截面上的应力，这个圆称为应力圆。

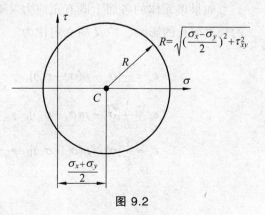

图 9.2

4. 三向应力状态

（1）在三向应力状态分析中，通常仅需求出最大（最小）正应力和最大切应力。如欲求空间任意斜截面上的应力，则应用截面法求得。

（2）在三向应力状态中，如已知一个主应力值和另外两对非主平面上的正应力与切应力，应由两对非主平面上的正应力和切应力分别求出另外两个主应力，然后根据三个主应力的大小分别写出σ_1、σ_2和σ_3。

5. 广义胡克定律与体积变形

1）广义胡克定律

广义胡克定律表示复杂应力状态下的应力、应变关系，胡克定律$\sigma = E\varepsilon$表示单向应力状态的应力、应变关系。

工程实际中，常由实验测得构件某点处的应变，这时可用广义胡克定律求得该点的应力状态。

以主应力表示的广义胡克定律为

$$\left.\begin{array}{l} \varepsilon_1 = \dfrac{1}{E}[\sigma_1 - \mu(\sigma_2 + \sigma_3)] \\[2mm] \varepsilon_2 = \dfrac{1}{E}[\sigma_2 - \mu(\sigma_3 + \sigma_1)] \\[2mm] \varepsilon_3 = \dfrac{1}{E}[\sigma_3 - \mu(\sigma_1 + \sigma_2)] \end{array}\right\} \tag{9.6}$$

式中：σ_1、σ_2、σ_3为代数值；各主应变ε_1、ε_2、ε_3的代数值间相应地有$\varepsilon_1 > \varepsilon_2 > \varepsilon_3$。

如果单元体的各面上既有正应力又有切应力时，不计切应力对单元棱边的长度变化的影响，广义胡克定律为

$$\left.\begin{array}{ll} \varepsilon_x = \dfrac{1}{E}[\sigma_x - \mu(\sigma_y + \sigma_z)], & \gamma_{xy} = \dfrac{\tau_{xy}}{G} \\[2mm] \varepsilon_y = \dfrac{1}{E}[\sigma_y - \mu(\sigma_z + \sigma_x)], & \gamma_{yz} = \dfrac{\tau_{yz}}{G} \\[2mm] \varepsilon_z = \dfrac{1}{E}[\sigma_z - \mu(\sigma_x + \sigma_y)], & \gamma_{zx} = \dfrac{\tau_{zx}}{G} \end{array}\right\} \tag{9.7}$$

2）体积变形

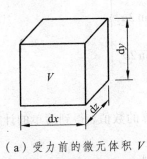

（a）受力前的微元体积 V

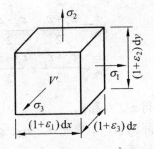

（b）受力微元体变形后的体积 V^*

图 9.3

图 9.3 所示单元体的单位体积变化（即体积变形）为

$$\theta = \varepsilon_1 + \varepsilon_2 + \varepsilon_3 \tag{9.8}$$

设平均主应力 $\sigma_m = \dfrac{1}{3}(\sigma_1 + \sigma_2 + \sigma_3)$，则体积改变胡克定律为

$$\theta = \frac{\sigma_m}{K} \tag{9.9}$$

式中：$K = \dfrac{E}{3(1-2\mu)}$，称为体积弹性模量。

6. 平面应变分析

（1）本章所指平面应变状态是平面应力所对应的应变状态，不同于弹性力学中的平面应变状态，研究的范围仅限于应变发生在同一平面内的平面应变状态。切应变为零方向上的线应变称为主应变，各向同性材料的主应力和主应变方向相同。

（2）在用实测方法研究构件的变形和应力时，一般是用电测法测出一点处几个方向的应变，然后确定主应变及其方向，进行应变分析。

（3）在进行一点的平面应变分析时，首先应测定该点的三个应变分量 ε_x、ε_y 和 γ_{xy}。由于切应变难以直接测量，一般先测出三个选定方向 α_1、α_2、α_3 上的线应变，然后求解下列联立方程式

$$\left.\begin{array}{l} \varepsilon_{\alpha_1} = \dfrac{\varepsilon_x + \varepsilon_y}{2} + \dfrac{\varepsilon_x - \varepsilon_y}{2}\cos 2\alpha_1 - \dfrac{\gamma_{xy}}{2}\sin 2\alpha_1 \\[3mm] \varepsilon_{\alpha_2} = \dfrac{\varepsilon_x + \varepsilon_y}{2} + \dfrac{\varepsilon_x - \varepsilon_y}{2}\cos 2\alpha_2 - \dfrac{\gamma_{xy}}{2}\sin 2\alpha_2 \\[3mm] \varepsilon_{\alpha_3} = \dfrac{\varepsilon_x + \varepsilon_y}{2} + \dfrac{\varepsilon_x - \varepsilon_y}{2}\cos 2\alpha_3 - \dfrac{\gamma_{xy}}{2}\sin 2\alpha_3 \end{array}\right\} \qquad (9.10)$$

即可求得 ε_x、ε_y 和 γ_{xy}。

实际测量时，常把 α_1、α_2、α_3 选取便于计算的数值，得到简单的计算式，以简化计算。

如选取 $\alpha_1 = 0°$，$\alpha_2 = 45°$，$\alpha_3 = 90°$，则得到

$$\begin{cases} \varepsilon_x = \varepsilon_{0°} \\ \varepsilon_y = \varepsilon_{90°} \\ \gamma_{xy} = \varepsilon_{0°} - 2\varepsilon_{45°} + \varepsilon_{90°} \end{cases}$$

主应变的数值

$$\begin{array}{c} \varepsilon_1 \\ \varepsilon_2 \end{array} = \dfrac{\varepsilon_{0°} + \varepsilon_{90°}}{2} \pm \dfrac{\sqrt{2}}{2}\sqrt{(\varepsilon_{0°} - \varepsilon_{45°})^2 + (\varepsilon_{45°} - \varepsilon_{90°})^2}$$

主应变方向

$$\tan 2\alpha_0 = \dfrac{2\varepsilon_{45°} - \varepsilon_{0°} - \varepsilon_{90°}}{\varepsilon_{0°} - \varepsilon_{90°}}$$

（4）一点的应变分析完成后，可用广义胡克定律求得该点的应力状态。

9.1.2 强度理论

1. 强度理论的概念

（1）杆件在轴向拉伸时的强度条件为

$$\sigma = \dfrac{F_N}{A} \leqslant [\sigma] \qquad (9.11)$$

式中许用应力 $[\sigma] = \dfrac{\sigma^°}{n}$，$\sigma^°$ 为材料破坏时的应力，塑性材料以屈服极限 σ_s（或 $\sigma_{0.2}$）为其破坏应力，而脆性材料则以强度极限 σ_b 为其破坏应力。简单应力

状态的强度条件是根据试验结果建立的。

（2）材料的破坏形式大致可分为两种类型：一种是塑性屈服；另一种是脆性断裂。不同的破坏形式有不同的破坏原因。

（3）关于材料破坏原因的假说称为强度理论。这些假说认为在不同应力状态下，材料某种破坏形式是由于某一种相同的因素引起的。这样，便可以利用轴向拉伸的试验结果，建立复杂应力状态下的强度条件。

2. 四种常用的强度理论

1）最大拉应力理论（第一强度理论）

这一理论认为：最大拉应力是引起材料断裂破坏的主要因素。第一强度理论的强度条件是

$$\sigma_1 \leqslant [\sigma] \tag{9.12}$$

2）最大拉应变理论（第二强度理论）

这一理论认为：最大拉应变是引起材料断裂破坏的主要因素。第二强度理论的强度条件是

$$\sigma_1 - \mu(\sigma_2 + \sigma_3) \leqslant [\sigma] \tag{9.13}$$

这一理论假设材料直到断裂前服从胡克定律。

3）最大切应力理论（第三强度理论）

这一理论认为：材料发生塑性屈服的主要因素是最大切应力。第三强度理论的强度条件是

$$\sigma_1 - \sigma_3 \leqslant [\sigma] \tag{9.14}$$

4）形状改变比能理论（第四强度理论）

这一理论认为：材料发生塑性屈服的主要因素是形状改变比能。第四强度理论的强度条件是

$$\sqrt{\frac{1}{2}[(\sigma_1 - \sigma_2)^2 + (\sigma_2 - \sigma_3)^2 + (\sigma_3 - \sigma_1)^2]} \leqslant [\sigma] \tag{9.15}$$

3. 强度理论的应用与相当应力

（1）运用强度理论解决工程实际问题，应当注意其适用范围。脆性材料

一般是发生脆性断裂，应选用第一或第二理论；而塑性材料的破坏形式大多是塑性屈服，应选用第三或第四强度理论。

（2）工程实际中，常将强度条件中与许用应力$[\sigma]$进行比较的应力称为相当应力，用σ_{xd}表示。上述四种强度理论的强度条件，可写成统一的形式

$$\sigma_{xdi} \leqslant [\sigma] \quad (i = 1,\ 2,\ 3,\ 4)$$

四种强度理论的相当应力分别是

$$\sigma_{xd1} = \sigma_1$$

$$\sigma_{xd2} = \sigma_1 - \mu(\sigma_2 + \sigma_3)$$

$$\sigma_{xd3} = \sigma_1 - \sigma_3$$

$$\sigma_{xd4} = \sqrt{\frac{1}{2}[(\sigma_1 - \sigma_2)^2 + (\sigma_2 - \sigma_3)^2 + (\sigma_3 - \sigma_1)^2]}$$

9.2 典型题精解

【例 9.1】 一点处的平面应力状态如图 9.4（a）所示。已知 $\sigma_x = 60$ MPa，$\sigma_y = -40$ MPa，$\tau_{xy} = -30$ MPa，$\alpha = -30°$。试求：

（1）α 斜面上的应力；

（2）主应力、主平面；

（3）绘出主应力单元体。

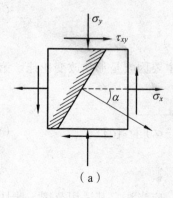

（a）

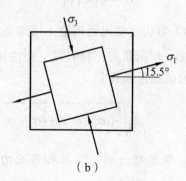

（b）

图 9.4

解：（1）求 α 斜面上的应力。

$$\sigma_\alpha = \frac{\sigma_x + \sigma_y}{2} + \frac{\sigma_x - \sigma_y}{2}\cos 2\alpha - \tau_{xy}\sin 2\alpha$$

$$= \frac{60-40}{2} + \frac{60+40}{2}\cos(-60°) + 30\sin(-60°)$$

$$= 9.02 \text{ MPa}$$

$$\tau_\alpha = \frac{\sigma_x - \sigma_y}{2}\sin 2\alpha + \tau_{xy}\cos 2\alpha$$

$$= \frac{60+40}{2}\sin(-60°) - 30\cos(-60°)$$

$$= -58.3 \text{ MPa}$$

（2）求主应力、主平面。

$$\sigma_{max} = \frac{\sigma_x + \sigma_y}{2} + \sqrt{\left(\frac{\sigma_x - \sigma_y}{2}\right)^2 + \tau_{xy}^2} = 68.3 \text{ MPa}$$

$$\sigma_{min} = \frac{\sigma_x + \sigma_y}{2} - \sqrt{\left(\frac{\sigma_x - \sigma_y}{2}\right)^2 + \tau_{xy}^2} = -48.3 \text{ MPa}$$

所以

$$\sigma_1 = 68.3 \text{ MPa}, \quad \sigma_2 = 0, \quad \sigma_3 = -48.3 \text{ MPa}$$

主平面的方位

$$\tan 2\alpha_0 = -\frac{2\tau_{xy}}{\sigma_x - \sigma_y} = -\frac{-60}{60+40} = 0.6$$

$$\alpha_0 = 15.5°$$

$$\alpha_0 = 15.5° + 90° = 105.5°$$

由此可知

主应力 σ_1 方向：$\alpha_0 = 15.5°$

主应力 σ_3 方向：$\alpha_0 = 105.5°$

（3）绘制主应力单元体，如图 9.4（b）所示。

【例 9.2】 已知薄壁圆筒压力容器平均直径 $D = 75$ mm，壁厚 $\delta = 2.5$ mm，承受内压力 $p = 7$ MPa，如图 9.5 所示。试从筒壁上取出已知应力状态，并指出 $\sigma_{极大}$、$\sigma_{极小}$ 和 $\tau_{极大}$、$\tau_{极小}$ 及其作用面。

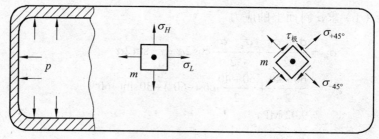

图 9.5

解：沿薄圆筒纵向与周向取出 m 点应力状态如图 9.5 所示（图 9.5 左边微元体），此为两向拉应力状态。则

$$\sigma_H = \frac{pD}{2\delta} = \frac{7 \times 75}{2 \times 2.5} = 105 \text{ MPa}$$

$$\sigma_L = \frac{pD}{4\delta} = \frac{7 \times 75}{4 \times 2.5} = 52.5 \text{ MPa}$$

由于两面上没有切应力作用，因而即为主平面，主应力为

$$\sigma_{极大} = \sigma_H = 105 \text{ MPa}, \quad \sigma_{极小} = \sigma_L = 52.5 \text{ MPa}$$

$\tau_{极大}$、$\tau_{极小}$ 在与主应力作用面成 ±45° 的斜截面上。让任意斜截面上切应力公式中的 $\sigma_x = \sigma_L$，$\sigma_y = \sigma_H$，$\tau_{xy} = 0$，$\alpha = \pm 45°$，即

$$\tau_\alpha = \frac{1}{2}(\sigma_x - \sigma_y)\sin 2\alpha = \frac{1}{2}(\sigma_L - \sigma_H)\sin 2\alpha = \mp \frac{PD}{8\delta}\sin 2\alpha$$

$$\tau_{\pm 45°} = \mp \frac{7 \times 75}{8 \times 2.5} = \mp 26.25 \text{ MPa}$$

相应面上的正应力

$$\sigma_{\pm 45°} = \frac{1}{2}(\sigma_L + \sigma_H) = \frac{3PD}{8\delta} = \frac{3 \times 7 \times 75}{8 \times 2.5} = 78.75 \text{ MPa}$$

相应微元体如图 9.5 右边微元体所示。

【**例 9.3**】 已知某点处截面 ab 与 bc 的应力如图 9.6（a）所示（应力单位为 MPa），其中截面 bc 垂直于坐标轴 y，试用图解法计算该点处的主应力及其方位。

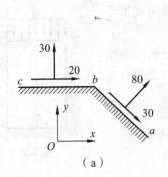

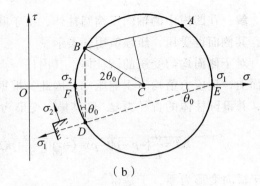

（a）   （b）

图 9.6

解：（1）主应力值的确定。

如图 9.6（b）所示，在 $\sigma - \tau$ 平面内，由坐标（80，30）与（30，20）分别确定 A 与 B 点，它们分别对应微体的截面 ab 与 bc。作直线 AB 的中垂线，与坐标轴 σ 相交于 C，以 C 为圆心、CB 或 CA 为半径画圆，即得相应应力圆。

应力圆与坐标轴 σ 相交于 E 与 F，它们的横坐标分别对应主应力 σ_1 与 σ_2，按选定的比例尺测量该二点的横坐标，分别得

$$\sigma_1 = 96.1 \text{ MPa}, \quad \sigma_2 = 23.9 \text{ MPa}$$

（2）主应力方位的确定。

B 点对应截面 y，而 F 点则对应主应力 σ_2 的作用截面。由应力圆中还可以看出，从 B 到 F，对应圆心角为 $2\theta_0$，而且为逆时针转向。

为了确定主应力 σ_2 的方位，过 B 点作铅垂线得交点 D，显然，$\angle BDF = \theta_0$，因此，直线 DF 所示方位即主应力 σ_2 的方位，而直线 DE 所示方位，则为主应力 σ_1 的方位。

从应力圆中量得

$$2\theta_0 = 33.7°$$

于是得到 σ_1 的方位角为

$$\theta_0 = 16.8°$$

【**例 9.4**】 如图 9.7 所示圆柱体，在刚性圆柱形凹模中轴向受压，压应力为 σ。试计算圆柱体的主应力与轴向变形，材料的弹性模量与泊松比分别为 E 与 μ，圆柱长度为 l。

解： 在凹模中的轴向压缩圆柱体，由于其横向变形受阻，其侧面也受压，压强值用 p 表示。

对于侧面均匀受压的圆柱体，其内任一点处的任一纵截面上，压应力值均等于侧压 p。因此，根据广义胡克定律，并设圆柱体的直径为 d，则其横向变形为

$$\Delta d = \frac{d}{E}\{-p-\mu[(-p)+(-\sigma)]\} = \frac{d}{E}[p(\mu-1)+\mu\sigma]$$

由于横向变形为零，于是得

$$p = \frac{\mu\sigma}{1-\mu} < \sigma$$

所以，圆柱体内各点处的主应力为

$$\sigma_1 = \sigma_2 = -\frac{\mu\sigma}{1-\mu}, \quad \sigma_3 = -\sigma$$

其轴向变形则为

$$\Delta l = \varepsilon l = \frac{l}{E}\left\{(-\sigma)-\mu\left[2\left(-\frac{\mu\sigma}{1-\mu}\right)\right]\right\} = -\frac{\sigma l(1-\mu-2\mu^2)}{E(1-\mu)}$$

【例 9.5】 如图 9.8（a）与（b）所示两种应力状态（单位为 MPa），试根据第三强度理论计算其相当应力。

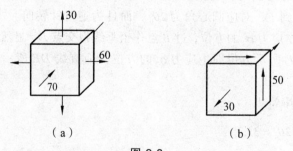

（a）　　　　　　　（b）

图 9.8

解： 对于图 9.8（a）所示应力状态，其主应力为

$$\sigma_1 = 60 \text{ MPa}, \quad \sigma_2 = 30 \text{ MPa}, \quad \sigma_3 = -70 \text{ MPa}$$

根据第三强度理论，其相当应力为

$$\sigma_{r3} = \sigma_1 - \sigma_3 = 60 - (-70) = 130 \text{ MPa}$$

对于图 9.8（b）所示微体，在 xy 平面内处于纯剪切状态，相应的最大与最小正应力分别为

$$\sigma_{max} - \sigma_{min} = 50 \text{ MPa}$$

而截面 z 为主平面，因此，图 9.8（b）所示应力状态的相应主应力为

$$\sigma_1 = 50 \text{ MPa}, \quad \sigma_2 = 30 \text{ MPa}, \quad \sigma_3 = -50 \text{ MPa}$$

而其相当应力则为

$$\sigma_{r3} = \sigma_1 - \sigma_3 = 50 - (-50) = 100 \text{ MPa}$$

9.3　自测题

一、填空题

9.1　应力状态如图所示，则主应力 $\sigma_1 = $ ＿＿＿＿＿ MPa，$\sigma_3 = $ ＿＿＿＿＿ MPa。

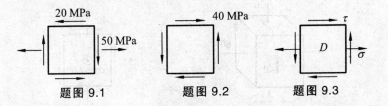

题图 9.1　　　　　题图 9.2　　　　　题图 9.3

9.2　图中单元体的三个主应力分别为 $\sigma_1 = $ ＿＿＿＿＿＿＿，$\sigma_2 = $ ＿＿＿＿＿＿＿，$\sigma_3 = $ ＿＿＿＿＿。

9.3　某点的应力状态如图所示，则其第三强度条件为＿＿＿＿＿。

二、计算题

9.4　试写出下列应力状态下的最大切应力值。

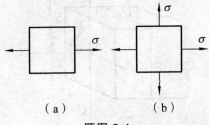

（a）　　　　　　　（b）

题图 9.4

9.5 已知应力状态如图（a）、（b）、（c）所示，求指定斜截面 ab 上的应力，并画在单元体上。

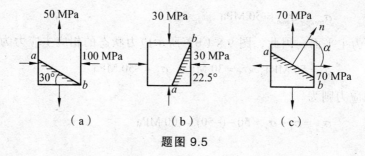

（a） （b） （c）

题图 9.5

9.6 若已知脆性材料的拉伸许用应力$[\sigma]$，试利用它建立纯切应力状态下的强度条件，并建立$[\sigma]$与$[\tau]$之间的数值关系。若为塑性材料，则$[\sigma]$与$[\tau]$之间的关系又怎样？

9.7 三向应力状态如图（a）所示，图中应力单位为 MPa。试求主应力以及微元内的最大切应力。

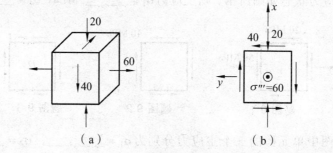

（a） （b）

题图 9.7

9.8 已知矩形截面梁某截面上的弯矩及剪力分别为 $M = 10\,\text{kN·m}$，$F_s = 120\,\text{kN}$，试绘出截面上 1、2、3、4 各点应力状态的单元体，并求其主应力。

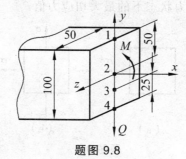

题图 9.8

9.9 锅炉直径 $D = 1\text{ m}$，壁厚 $t = 10\text{ mm}$，内受蒸汽压力 $p = 3\text{ MPa}$。试求：

（1）壁内主应力及切应力极值；

（2）斜截面 ab 上的正应力及切应力。

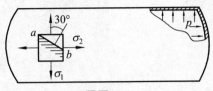

题图 9.9

第 10 章
压杆稳定

10.1　内容提要

10.1.1　压杆稳定性的概念

（1）弹性体保持初始平衡状态的能力称为弹性平衡的稳定性。

（2）受压杆件保持初始直线平衡状态的能力称为压杆的稳定性。

10.1.2　压杆的临界力

（1）两端铰支细长压杆欧拉（Euler）临界力公式为 $F_{cr} = \dfrac{\pi^2 EI}{l^2}$。欧拉临界力公式只适用于小变形、线弹性范围内。

（2）在临界状态两端铰支细长压杆的弹性曲线方程为一个半波正弦方程：$y = C \sin \dfrac{\pi}{l} x$。可以利用形状比较法求得不同约束下细长压杆的临界力。

（3）杆端约束对临界力的影响：

① 不同杆端约束压杆的临界力，可用解压杆的挠曲线近似微分方程或用形状比较法求得。

② 不同杆端约束细长压杆临界力的欧拉公式为 $F_{cr} = \dfrac{\pi^2 EI}{(\mu l)^2}$，式中 μl 称为计算长度（或有效长度），μ 称为长度系数。当压杆在两个惯性平面内的 μ 值不同时，计算临界力应取较大的 μ 值。

③ 几种常见杆端约束的长度系数见表 10.1。

表 10.1 压杆的长度系数

杆端支承情况	一端自由，一端固定	两端铰支	一端铰支，一端固定	两端固定
挠曲线形状	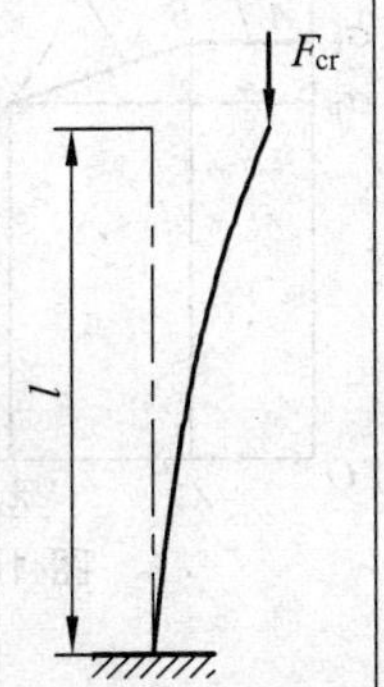	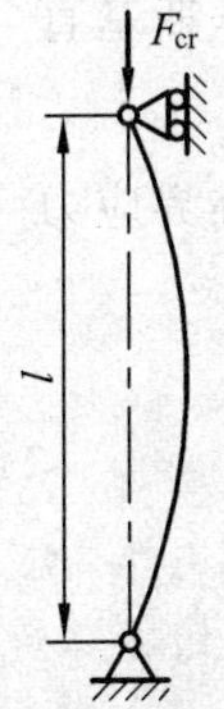		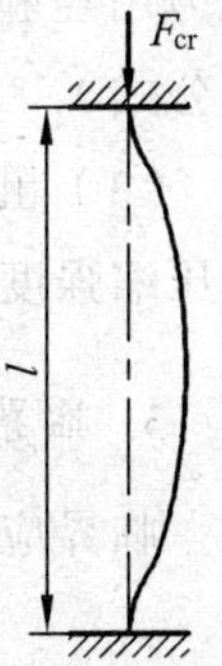
F_{cr}	$F_{cr} = \dfrac{\pi^2 EI}{(2l)^2}$	$F_{cr} = \dfrac{\pi^2 EI}{l^2}$	$F_{cr} = \dfrac{\pi^2 EI}{(0.7l)^2}$	$F_{cr} = \dfrac{\pi^2 EI}{(0.5l)^2}$
长度系数 μ	2	1	0.7	0.5

（4）临界应力与柔度：

细长压杆的临界应力公式为 $\sigma_{cr} = \dfrac{\pi^2 E}{\lambda^2}$ ，式中 $\lambda = \dfrac{\mu l}{i}$ 称为压杆的柔度，和压杆的长度、约束情况、截面形状及尺寸相关。

10.1.3 压杆的分类与临界应力总图

1. 柔度的分界值

$$\lambda_P(\lambda_2) = \sqrt{\frac{\pi^2 E}{\sigma_P}} , \quad \lambda_s(\lambda_1) = \frac{a - \sigma_s}{b}$$

式中：a、b 是与材料性质相关的常数，单位为 MPa。

2. 压杆的分类

压杆根据其柔度的大小而分类，计算压杆临界应力时应先判断是何类压杆，然后选择相应的临界应力公式。压杆可分为下列 3 类。

（1）细长杆（$\lambda \geqslant \lambda_P$）：计算临界应力用欧拉公式 $\sigma_{cr} = \dfrac{\pi^2 E}{\lambda^2}$（欧拉双曲线公式）。

（2）中长杆（$\lambda_s < \lambda < \lambda_P$）：计算临界应力用经验公式 $\sigma_{cr} = a - b\lambda$（雅辛斯基直线公式）。

（3）粗短杆（$\lambda \leqslant \lambda_s$）：计算临界应力用压缩强度公式 $\sigma_{cr} = \sigma_s$（或 σ_b）。

3. 临界应力总图

临界应力总图如图 10.1 所示。

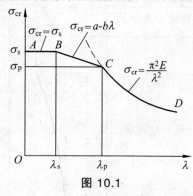

图 10.1

10.1.4 压杆稳定性的校核

（1）进行压杆稳定性的校核时，通常用安全系数法。在建筑等行业常用折减系数法。

（2）工程中，考虑到压杆的初曲率、载荷的偏心、材料的不均匀及失稳破坏的突发性等因素对压杆临界力的影响，因而规定的稳定安全系数大于强度安全系数。

（3）对于截面有局部削弱（如油孔等）的压杆，除校核稳定性外，还须对局部削弱处进行强度校核，其计算面积应是扣除孔洞削弱后的实际面积（称为净面积）。

（4）压杆的稳定性是对压杆整体而言的，截面的局部削弱对临界力影响不大，故可不必考虑。

① 安全系数法。

为了保证压杆有足够的稳定性，应使其工作压力小于临界力，或使其工作应力小于临界应力，即

$$F < F_{cr} \quad 或 \quad \sigma < \sigma_{cr} \tag{10.1}$$

用安全系数来校核压杆稳定性，其稳定性条件为

$$n_W = \frac{F_{cr}}{F} \geqslant [n_W] \quad 或 \quad n_W = \frac{\sigma_{cr}}{\sigma} \geqslant [n_W] \tag{10.2}$$

式中：n_W 为压杆实际稳定安全系数；$[n_W]$ 为规定的稳定安全系数。

② 折减系数法。

用折减系数法进行压杆稳定性校核时，引入稳定性的许用应力 $[\sigma_W] = \dfrac{\sigma_{cr}}{[n_W]}$，压杆的稳定条件为：

$$\sigma \leqslant [\sigma_W] \tag{10.3}$$

$[\sigma_W]$常用基本许用应力$[\sigma]$来表示，即

$$[\sigma_W] = \varphi [\sigma] \tag{10.4}$$

式中：φ 为与λ相关且$\leqslant 1$的系数，称为折减系数，计算时可查有关手册。

10.1.5 提高压杆稳定性的措施

提高压杆稳定性的措施可以从改善支承情况、减小压杆长度（或增加中间约束）、选择合理的截面形状、使压杆在各弯曲平面内的柔度相等及合理选择材料等方面考虑。

10.1.6 解题思路

计算压杆的临界应力（临界力）时，可按照下列步骤进行：

（1）根据压杆的杆端约束情况确定长度系数μ值，计算出该压杆的柔度 $\lambda = \dfrac{\mu l}{i}$。

（2）将压杆的柔度与压杆分类的界限柔度值λ_P和λ_s比较，以确定该压杆是何类杆，选取相应的临界应力公式。

（3）计算压杆的临界应力（临界力）。

注意：

（1）切忌不判断压杆的类别，直接用欧拉临界应力公式计算。

（2）当压杆分类的界限柔度值λ_P及λ_s值未知时，应由材料数据计算出。

（3）计算临界应力时，采用未削弱前的横截面面积和惯性矩。

（4）当压杆在各弯曲平面内的长度系数及惯性矩不同时，应分别计算压杆在各弯曲平面内的柔度，选用较大的柔度计算压杆的临界应力。

（5）当压杆不是粗短杆且又没有局部削弱时，就不需再校核其压缩强度。

10.2　典型题精解

【例 10.1】　如图 10.2 所示两端铰支细长压杆，已知其横截面直径 $d = 50\,\mathrm{mm}$，材料为 Q235 钢，弹性模量 $E = 200\,\mathrm{GPa}$，$\sigma_\mathrm{s} = 235\,\mathrm{MPa}$。试确定其临界力。

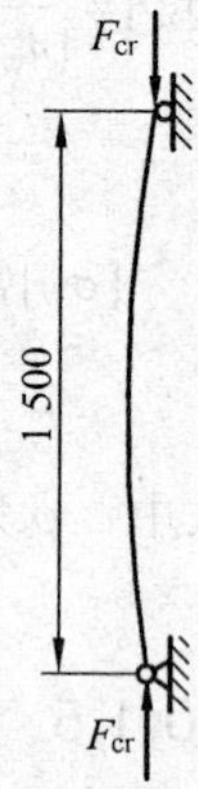

解：截面惯性矩为

$$I = \frac{\pi d^4}{64} = 307 \times 10^{-9}\,\mathrm{m}^4$$

所以临界力为

$$\begin{aligned}
F_\mathrm{cr} &= \frac{\pi^2 EI}{l^2} = \frac{\pi^2 \times 200 \times 10^9 \times 307 \times 10^{-9}}{1.5^2} \\
&= 269\,\mathrm{kN}
\end{aligned}$$

图 10.2

【例 10.2】　如图 10.3（a）所示结构，由刚性杆 AB 与弹性杆 CD 组成。在铅垂载荷 **F** 作用下，刚性杆 AB 在竖直状态保持平衡，试确定载荷 **F** 的临界值。杆 CD 各截面的拉压刚度均为 EA。

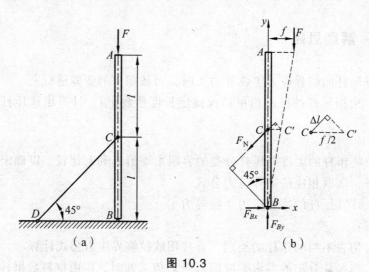

图 10.3

解：（1）问题分析。

使系统发生微偏离，如图 10.3（b）所示。

设杆端 A 的水平位移为 f，则由图 10.3（b）可以看出，杆 CD 的轴向变形为

$$\Delta l = \overline{CC'}\cos 45° = \frac{f}{2}\frac{1}{\sqrt{2}} = \frac{f}{2\sqrt{2}}$$

根据胡克定律，并考虑上述关系式，得杆 CD 的轴力为

$$F_N = EA \cdot \frac{\Delta l}{l_{CD}} = \frac{EAf}{4l} \qquad\qquad (1)$$

于是由平衡方程即可确定临界载荷值。

（2）临界载荷的确定。

在临界载荷作用下，系统可在微偏离状态保持平衡，平衡方程为

$$\sum M_B(\boldsymbol{F}) = 0, \quad F_N l\cos 45° - Ff = 0$$

将式（1）代入上式，得临界载荷值为

$$F_{cr} = \frac{EA}{4\sqrt{2}}$$

【例 10.3】　如图 10.4（a）所示托架，已知 D 处承受载荷 $F = 10\,\mathrm{kN}$。AB 杆外径 $D = 50\,\mathrm{mm}$，内径 $d = 40\,\mathrm{mm}$，材料采用 Q235 钢，弹性模量 $E = 200\,\mathrm{GPa}$。$\lambda_p = 100$，$[n_w] = 3$。试校核 AB 杆的稳定性。

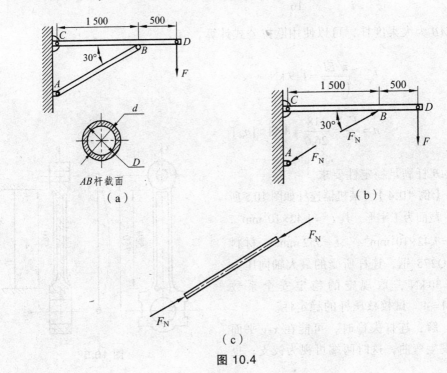

AB 杆截面

（a）　　　　　　　　　　（b）

（c）

图 10.4

解：对 CD 梁，如图 10.4（b）所示，有

$$\sum M_C(\boldsymbol{F}) = 0 , \quad F \times 2\,000 = F_N \times \sin 30° \times 1\,500$$

得　　　　　$F_N = 26.7 \text{ kN}$

AB 杆为压杆，受力如图 10.4（c）所示，计算其柔度

$$\lambda = \frac{\mu l}{i} , \quad \text{其中} \ \mu = 1$$

又　　　　　$l = \dfrac{1.5}{\cos 30°} = 1.732 \text{ m}$

$$i = \sqrt{\frac{I}{A}} = \sqrt{\frac{\pi(D^4 - d^4)4}{64(D^2 - d^2)\pi}}$$

$$= \frac{\sqrt{D^2 + d^2}}{4} = 16 \text{ mm}$$

所以　　　　$\lambda = \dfrac{\mu l}{i} = \dfrac{1 \times 1.732 \times 10^3}{16} = 108 > \lambda_p$

即 AB 为大柔度杆，可以使用欧拉公式计算，有

$$F_{cr} = \frac{\pi^2 E I}{(\mu l)^2} = 119 \text{ kN}$$

$$n = \frac{F_{cr}}{F_N} = \frac{118}{26.6} = 4.44 > [n_w]$$

故 AB 杆满足稳定性要求。

【**例 10.4**】 某机器连杆如图 10.5 所示，截面为工字形，其 $I_y = 1.42 \times 10^4 \text{ mm}^4$，$I_z = 7.42 \times 10^4 \text{ mm}^4$，$A = 552 \text{ mm}^2$。材料为 Q275 钢，连杆所受的最大轴向压力 $F = 30 \text{ kN}$，取规定的稳定安全系数 $[n_w] = 4$。试校核压杆的稳定性。

解：连杆失稳时，可能在 x-y 平面内发生弯曲，这时两端可视为铰支；也

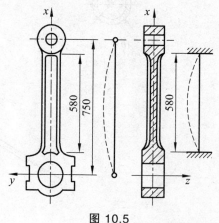

图 10.5

可能在 x-z 平面内发生弯曲，这时两端可视为固定。此外，在上述两平面内弯曲时，连杆的有效长度和惯性矩也不同。故应先计算出这两个弯曲平面内的柔度 λ，以确定失稳平面，再进行稳定校核。

（1）柔度计算。

在 x-y 平面内失稳时，截面以 z 轴为中性轴，柔度为

$$\lambda_z = \frac{\mu_1 l_1}{i_z} = \frac{\mu_1 l_1}{\sqrt{I_z / A}} = \frac{1 \times 750}{\sqrt{7.42 \times 10^4 / 552}} = 65$$

在 x-z 平面内失稳时，截面以 y 轴为中性轴，柔度为

$$\lambda_y = \frac{\mu_2 l_2}{i_y} = \frac{\mu_2 l_2}{\sqrt{I_y / A}} = \frac{0.5 \times 580}{\sqrt{1.42 \times 10^4 / 552}} = 57$$

因 $\lambda_z > \lambda_y$，表明连杆在 x-y 平面内稳定性较差，故只需校核连杆在此平面内的稳定性。

（2）稳定性校核。

由于 $\lambda_z = 65 < \lambda_p$，属中长杆，需用经验公式。现按经验公式（查表得参数）算得临界应力为

$$\sigma_{cr} = 275 - 0.008\,53\lambda^2 = 275 - 0.008\,53 \times 64^2 = 239 \text{ MPa}$$

则临界力为

$$F_{cr} = \sigma_{cr} A = 240 \times 10^6 \times 552 \times 10^{-6} = 131.9 \text{ kN}$$

又工作压力

$$F = 30 \text{ kN}$$

代入公式得

$$n = \frac{F_{cr}}{F} = \frac{131.9}{30} = 4.4 > [n_w]$$

由此可见，连杆的稳定性足够。

10.3 自测题

一、选择题

10.1 一端固定、一端自由的压杆，其长度系数是（　　　）。

　A. 1　　　　　　B. 2　　　　　　C. 1/2　　　　　　D. 0.7

10.2 两端固定的压杆，其长度系数是（　　　）。

　A. 1　　　　　　B. 2　　　　　　C. 1/2　　　　　　D. 0.7

10.3 图示各细长压杆的材料和截面均相同，（　　　）杆能承受的压力最大。

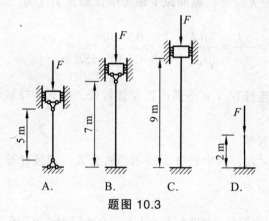

题图 10.3

10.4 图示三根压杆，截面面积及材料各不相同，但它们的（　　　）相同。

　A. 长度系数　　　　　　　　　　B. 相当长度

　C. 柔度　　　　　　　　　　　　D. 临界压力

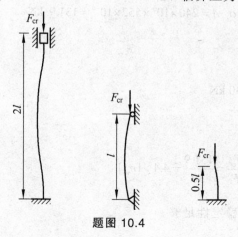

题图 10.4

10.5 截面为 100 mm × 150 mm 的矩形木柱，一端固定，另一端铰支，杆长 $l = 5.0$ m，材料的弹性模量 $E = 10$ GPa，$\lambda_\mathrm{P} = 110$。试求此木柱的临界压力。

10.6 如图所示压杆由 14 号工字钢制成，其上端自由，下端固定。已知钢材的弹性模量 $E = 210$ GPa，$I_z = 712 \times 10^4$ mm^4，$I_y = 64.4 \times 10^4$ mm^4。屈服点 $\sigma_\mathrm{s} = 240$ MPa，杆长 $l = 3\,000$ mm。试求该杆的临界力 F_cr 和屈服载荷 F_s。

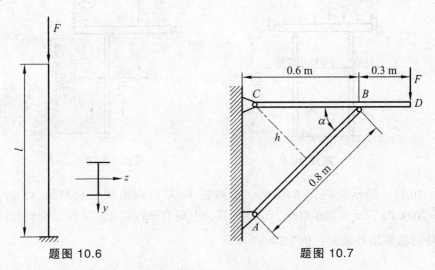

题图 10.6   题图 10.7

10.7 托架受力和尺寸如图所示，已知撑杆 AB 的直径 $d = 40$ mm，材料为 Q235 钢，$E = 200$ GPa，两端可视为铰支。规定稳定安全系数 $[n_\mathrm{w}] = 2$。试据撑杆 AB 的稳定条件求托架载荷的最大值。

10.8 图示结构中杆 AC 与 CD 均由 Q235 钢制成，C、D 两处均为球铰。已知 $d = 20$ mm，$b = 100$ mm，$h = 180$ mm；$E = 200$ GPa，$\sigma_\mathrm{s} = 235$ MPa，$\sigma_\mathrm{b} = 400$ MPa，强度安全因数 $n = 2.0$，稳定安全因数 $n_\mathrm{st} = 3.0$。试确定该结构的许可载荷。

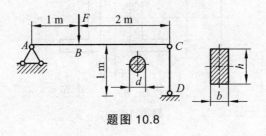

题图 10.8

10.9　如图的结构中，两竖杆均为圆形截面杆。左竖杆由钢制成（$E =$ 200 GPa），右竖杆由铝制成（$E = 70$ GPa），稳定安全系数为 2。试根据稳定性要求确定两杆的合理直径。

10.10　如图所示，横梁是刚性的。立柱两端为球铰，弹性模量 $E =$ 180 GPa。稳定安全系数 $n_{st} = 1.5$。求许用载荷 F。

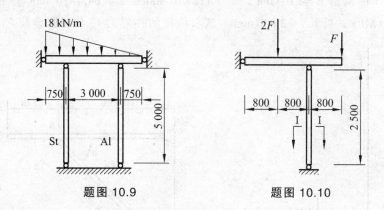

题图 10.9　　　　　　　题图 10.10

10.11　图示立柱，$L = 6$ m，由两根 10 号槽钢组成，材料为 A3 钢，$E = 200$ GPa，$\sigma_p = 200$ MPa，下端固定，上端为球铰支座。试问 a 为何值时，立柱的临界压力最大，值为多少？

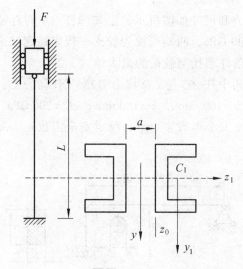

题图 10.11

10.12 平面磨床的工作台液压驱动装置如图所示。油缸活塞直径$D=65\,\text{mm}$，油压$p=1.2\,\text{MPa}$，活塞杆长度$l=1\,250\,\text{mm}$，材料的$E=210\,\text{GPa}$，$\sigma_\text{p}=220\,\text{MPa}$。$[n_\text{w}]=6$。活塞杆可简化为两端铰支的压杆，试确定活塞杆的直径。

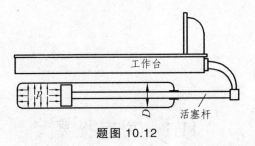

题图 10.12

10.13 图示蒸汽机的活塞杆AB，所受的压力$F=120\,\text{kN}$，$l=1\,800\,\text{mm}$，横截面为圆形，直径$d=75\,\text{mm}$。材料为Q255钢，$E=210\,\text{GPa}$，$\sigma_\text{p}=240\,\text{MPa}$。$[n_\text{w}]=8$。试校核活塞杆的稳定性。

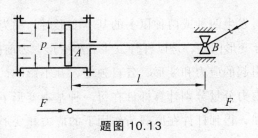

题图 10.13

第 11 章
组合变形

11.1 内容提要

11.1.1 组合变形

（1）杆件同时发生两种或两种以上的基本变形时，称为组合变形。

（2）计算组合变形问题，是以杆件发生"小变形"为前提，在此条件下，不同基本变形所引起的应力和变形，各自独立，互不影响，可以应用叠加原理。即先根据各内力分量分别计算杆件在每一种基本变形下的应力和变形，再把计算结果叠加，得到杆件在原载荷作用下的应力和变形。

11.1.2 斜弯曲

（1）当梁所受到的横向力不在梁的主惯性平面内时，梁将发生斜弯曲。斜弯曲是梁在其两个主惯性平面内弯曲的组合变形。

（2）对于圆形、正方形等截面梁，其截面对两个主惯性轴的惯性矩相等，不会发生斜弯曲。

（3）当梁的载荷不通过截面的弯曲中心时，除斜弯曲外，梁还发生扭转变形。

（4）图 11.1 所示矩形截面悬臂梁受横向力 F 作用，把力 F 沿 y 轴和 z 轴分解，梁将在 xy 和 xz 两个主惯性平面内弯曲。

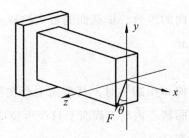

图 11.1

xy 平面内的弯曲应力 $\qquad$ $\sigma' = \dfrac{M_z}{I_z}y$ $\qquad$ （11.1a）

xz 平面内的弯曲应力 $\qquad$ $\sigma'' = \dfrac{M_y}{I_y}z$ $\qquad$ （11.1b）

组合变形（斜弯曲）的应力 $\qquad$ $\sigma = \sigma' + \sigma'' = \dfrac{M_z}{I_z}y + \dfrac{M_y}{I_y}z$ $\qquad$ （11.2）

（5）斜弯曲的中性轴方程。

$$\frac{M_z}{I_z}y + \frac{M_y}{I_y}z = 0 \qquad （11.3）$$

中性轴通过截面形心，但和载荷作用平面不垂直。距中性轴最远的点处正应力最大。

（6）斜弯曲时梁的弯曲平面和载荷作用平面不在同一平面，但弯曲平面和中性轴相垂直。

11.1.3　拉伸（压缩）与弯曲的组合

（1）杆件受拉伸（压缩）与弯曲组合时，弯曲变形的中性轴位置将偏移。

（2）杆在拉伸（压缩）与弯曲的组合变形时，分别计算拉伸（压缩）正应力和弯曲正应力，叠加后进行强度计算。

（3）拉伸（压缩）时，横截面的正应力

$$\sigma = \frac{F_N}{A} \qquad （11.4）$$

弯曲时，横截面的最大拉压正应力

$$\sigma = \pm \frac{M}{W_z} \qquad （11.5）$$

拉伸（压缩）与弯曲的组合，横截面的最大拉压正应力

$$\sigma = \frac{F_N}{A} \pm \frac{M}{W_z} \qquad\qquad (11.6)$$

（4）杆件受偏心拉伸（压缩）时，其截面上存在称为截面核心的区域，当偏心轴向力作用在截面核心内时，截面上只产生拉应力（或压应力）。截面核心在工程上有很大的意义。

11.1.4　圆杆的弯曲与扭转组合变形

（1）当圆杆发生两面弯曲与扭转的组合变形时，不能求出两个平面弯曲的最大正应力后进行叠加得到圆杆的最大正应力，而应先求出两平面弯曲的合成弯矩，再求其最大弯曲正应力。

（2）图 11.2 为受弯曲与扭转组合变形构件危险点的应力状态，图中

弯曲正应力 $\qquad \sigma = \dfrac{M}{W_z}$ $\qquad\qquad (11.7)$

扭转切应力 $\qquad \tau = \dfrac{M_n}{W_P}$ $\qquad\qquad (11.8)$

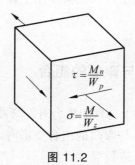

图 11.2

（3）对于弯曲与扭转组合变形构件危险点的应力状态，可得第三强度理论的强度条件和第四强度理论的强度条件

$$\sigma_{xd3} = \sqrt{\sigma^2 + 4\tau^2} \leqslant [\sigma] \qquad\qquad (11.9)$$

$$\sigma_{xd4} = \sqrt{\sigma^2 + 3\tau^2} \leqslant [\sigma] \qquad\qquad (11.10)$$

（4）注意到圆杆的 $W_P = 2W_z$，可得到圆杆弯曲和扭转组合变形以内力表示的强度条件

$$\sigma_{xd3} = \frac{1}{W_z}\sqrt{M^2 + M_n^2} \leqslant [\sigma] \qquad (11.11)$$

$$\sigma_{xd4} = \frac{1}{W_z}\sqrt{M^2 + 0.75M_n^2} \leqslant [\sigma] \qquad (11.12)$$

11.2　典型题精解

【例 11.1】　由木材制成的矩形截面悬臂梁，在梁的水平对称面内受到 $F_1 = 0.8$ kN 的作用，在垂直对称面内受到 $F_2 = 1.6$ kN 作用，如图 11.3 所示。已知：$b = 90$ mm，$h = 180$ mm，$E = 1$ GPa。试求梁横截面上的最大正应力及其作用点的位置。

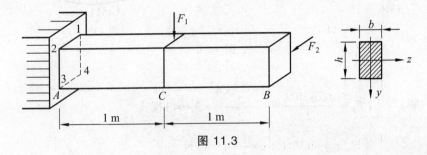

图 11.3

解：在 F_1、F_2 共同作用下，最大拉应力在固定端截面的 1 点处，而最大压应力在该截面的 3 点处，两者值相等。

$$\sigma_{max} = \frac{M_{z\,max}}{W_z} + \frac{M_{y\,max}}{W_y}$$

$$M_{z\,max} = F_1 \times 1 = 0.8 \times 1 = 0.8 \text{ kN·m}$$

$$M_{y\,max} = F_2 \times 2 = 1.6 \times 2 = 3.2 \text{ kN·m}$$

$$W_z = \frac{bh^2}{6} = \frac{90 \times 180^2 \times 10^{-9}}{6} = 4.86 \times 10^{-4} \text{ m}^3$$

$$W_y = \frac{bh^2}{6} = \frac{180 \times 90^2 \times 10^{-9}}{6} = 2.43 \times 10^{-4} \ m^3$$

所以

$$\sigma_{max} = \left(\frac{0.8 \times 10^3}{4.86 \times 10^{-4}} + \frac{3.2 \times 10^3}{2.43 \times 10^{-4}} \right) \times 10^{-6} = 14.8 \ MPa$$

【例 11.2】 一楼梯木斜梁，如图 11.4（a）所示，其长度为 $L = 4 \ m$，截面为 $0.2 \ m \times 0.1 \ m$ 的矩形，$q = 2 \ kN/m$。试作此梁的轴力图和弯矩图，并求横截面上最大拉应力和最大压应力。

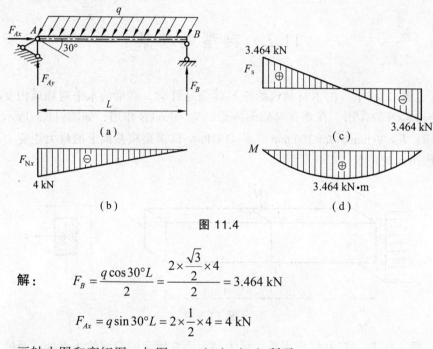

图 11.4

解：

$$F_B = \frac{q \cos 30° L}{2} = \frac{2 \times \frac{\sqrt{3}}{2} \times 4}{2} = 3.464 \ kN$$

$$F_{Ax} = q \sin 30° L = 2 \times \frac{1}{2} \times 4 = 4 \ kN$$

画轴力图和弯矩图，如图 11.4（b）、（d）所示。

本题为弯压组合变形，最大压应力和最大拉应力分别发生在跨中截面上边缘和下边缘处，有

$$\sigma_{max}^- = \frac{M_{max}}{W} + \frac{F_{Nx}}{A} = \frac{3.464 \times 10^3}{\dfrac{0.1 \times 0.2^2}{6}} + \frac{2 \times 10^3}{0.1 \times 0.2}$$

$$= 5.19 + 0.1 = 5.29 \ MPa$$

$$\sigma_{max}^+ = 5.19 - 0.1 = 5.09 \ MPa$$

【例 11.3】 有一木质拉杆如图 11.5 所示，截面原为边长 a 的正方形，

拉力 F 与杆轴重合，后因使用上的需要，在杆长的某一段范围内开一$\dfrac{a}{2}$ 宽的切口，如图 11.5 所示。试求 m—m 截面上的最大拉应力和最大压应力，以及这最大拉应力是截面削弱前的拉应力值的几倍。

解：截面削弱后最大拉应力为

$$\sigma^+_{max} = \frac{M}{W} + \frac{F_N}{A} = \frac{F \cdot \dfrac{a}{4}}{\dfrac{1}{6}a\left(\dfrac{a}{2}\right)^2} + \frac{F}{a \cdot \dfrac{a}{2}} = \frac{6F}{a^2} + \frac{2F}{a^2} = \frac{8F}{a^2}$$

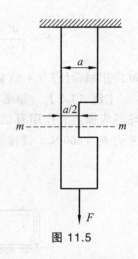

截面削弱后的最大压应力为

$$\sigma^-_{max} = \frac{M}{W} - \frac{F_N}{A} = \frac{6F}{a^2} - \frac{2F}{a^2} = \frac{4F}{a^2}$$

截面削弱前的拉应力为

$$\sigma_1 = \frac{F_N}{A} = \frac{F}{a^2}$$

截面削弱前后拉应力之比为

$$\frac{\sigma^+_{max}}{\sigma_1} = \frac{\dfrac{8F}{a^2}}{\dfrac{F}{a^2}} = 8$$

图 11.5

【例 11.4】 如图 11.6 所示折杆，AB 段为圆截面，$AB \perp BC$，若 AB 杆直径 $d = 100\ mm$，材料的许用应力 $[\sigma] = 80\ MPa$。试按第三强度理论确定许用载荷 $[F]$。

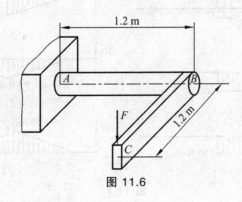

图 11.6

解：将外力向 AB 杆轴线简化，得到一个力 F' 和力偶 M_e，即

$$F' = F, \quad M_e = 1.2F$$

力 F' 使轴产生弯曲变形，力偶 M_e 使轴发生扭转变形。危险截面 A 上的扭矩和弯矩分别为

$$M_n = 1.2F, \quad M = 1.2F' = 1.2F$$

由

$$\sigma_{xd3} = \frac{\sqrt{M^2 + M_n^2}}{W_z} = \frac{1\,200\sqrt{2}F}{W_z} \leqslant [\sigma]$$

$$F \leqslant \frac{W_z[\sigma]}{1\,200\sqrt{2}} = \frac{\dfrac{\pi}{32} \times 100^3 \times 80}{1\,200\sqrt{2}} \, \text{N} = 4.63 \, \text{kN}$$

故许用载荷 $[F]$ 为 4.63 kN。

【**例 11.5**】 如图 11.7（a）所示圆截面钢轴 AB，由电机带动。在斜齿轮的齿面上，作用有切向力 $F_t = 1.5$ kN、径向力 $F_r = 700$ N，以及平行于轴的外力 $F_x = 600$ N。试按第四强度理论确定轴径，许用应力 $[\sigma] = 100$ MPa。

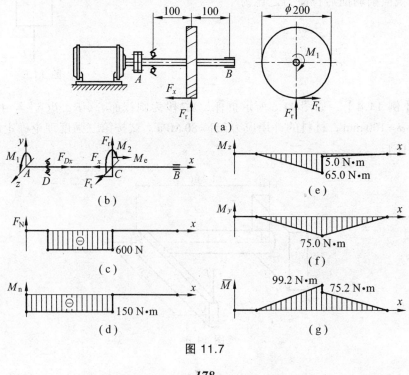

图 11.7

解：（1）轴的计算简图与外力分析。

将外力 F_t、F_r 与 F_x 向轴 AB 的轴线简化，得轴的计算简图如图 11.7（b）所示。扭力偶矩为

$$M_1 = M_2 = F_t \times 0.100 = 1.5 \times 10^3 \times 0.100 = 150\ \text{N} \cdot \text{m}$$

附加弯曲力偶矩为

$$M_e = F_x \times 0.100 = 600 \times 0.100 = 60\ \text{N} \cdot \text{m}$$

止推轴承 D 处的轴向约束力为

$$F_{Dx} = F_x = 600\ \text{N}$$

（2）内力分析。

扭力偶矩 M_1 与 M_2 使轴的 AC 段扭转，轴向力 F_x 与 F_{Dx} 使轴的 DC 段轴向受压，轴的轴力与扭矩图分别如图 11.7（c）与（d）所示。

在横向力 F_r 与力偶矩 M_e 的作用下，轴的弯矩 M_z 图如图 11.7（e）所示，在横向力 F_t 作用下，轴的弯矩 M_y 图如图 11.7（f）所示，并由此画轴的总弯矩图 $\overline{M}$ 如图 11.7（g）所示，横截面 C^- 的总弯矩最大，其值为

$$\overline{M}_{\max} = \overline{M}_{C^-} = \sqrt{(65.0\ \text{N} \cdot \text{m})^2 + (75.0\ \text{N} \cdot \text{m})^2} = 99.2\ \text{N} \cdot \text{m}$$

（3）设计轴径。

由扭矩、轴力与总弯矩图可以看出，横截面 C^- 为危险截面。该截面的扭矩、轴力与总弯矩分别为

$$M_n = 150\ \text{N} \cdot \text{m},\ F_N = -600\ \text{N},\ \overline{M} = 99.2\ \text{N} \cdot \text{m}$$

即处于弯压扭组合受力状态，危险点处的压应力与扭转切应力分别为

$$\sigma_{\max} = \frac{4F_N}{\pi d^2} + \frac{32\overline{M}}{\pi d^3}$$

$$\tau_{\max} = \frac{M_n}{W_P} = \frac{16M_n}{\pi d^3}$$

考虑到最大弯曲正应力一般大于或远大于轴向拉压正应力。因此，可首先按弯扭组合强度选择轴的直径，然后再按弯压扭组合校核其强度，并根据需要进一步修改设计。

根据第四强度理论，弯扭组合的强度条件为

$$\sigma_{r4} = \frac{32\sqrt{\overline{M}^2 + 0.75M_n^2}}{\pi d^3} \leqslant [\sigma]$$

由此得

$$d = \sqrt[3]{\frac{32\sqrt{\overline{M}^2 + 0.75M_n^2}}{\pi[\sigma]}} = \sqrt[3]{\frac{32\sqrt{(99.2 \text{ N·m})^2 + 0.75(150 \text{ N·m})^2}}{\pi(100 \times 10^6 \text{ Pa})}}$$
$$= 0.025\ 5 \text{ m}$$

取 $\qquad d = 0.026 \text{ m}$

作为弯压扭组合，危险点处的相当应力为

$$\sigma_{r4} = \sqrt{\sigma_{\max}^2 + 3\tau_{\max}^2} = \sqrt{\left(\frac{4F_N}{\pi d^2} + \frac{32\overline{M}}{\pi d^3}\right)^2 + 3\left(\frac{16M_n}{\pi d^3}\right)^2}$$

将有关数据代入上式，得

$$\sigma_{r4} = 9.54 \times 10^7 \text{ Pa} = 95.4 \text{ MPa} < [\sigma]$$

说明上述轴径选择 $(d = 0.026 \text{ m})$ 符合强度要求。

11.3　自测题

11.1　如题图 11.1 所示折杆 ACB 由两根钢管焊接而成，A 和 B 处为铰支座，C 处作用有集中载荷 $F = 10 \text{ kN}$。试求折杆危险截面上的最大拉应力和最大压应力。已知钢管的外直径 $D = 140 \text{ mm}$，壁厚 $d = 10 \text{ mm}$。

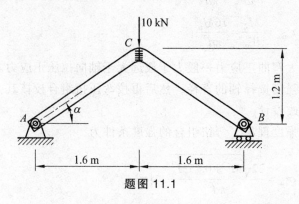

题图 11.1

11.2 如图所示悬臂梁，由 20a 号工字钢制成，梁上的均布载荷集度为 q（N/m），集中载荷为 $F = \dfrac{qa}{2}$(N)。试求梁的许用载荷集度[q]。已知：$a = 1\,\text{m}$；20a 号工字钢 $W_z = 237 \times 10^{-6}\,\text{m}^3$，$W_y = 31.5 \times 10^{-6}\,\text{m}^3$；钢的许用弯曲正应力 $[\sigma] = 160\,\text{MPa}$。

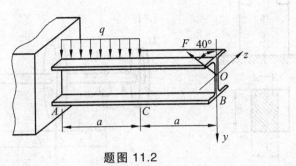

题图 11.2

11.3 铸铁压力机框架，立柱横截面尺寸如图所示，单位 mm，材料的许用拉应力 $[\sigma_t] = 30\,\text{MPa}$，许用压应力 $[\sigma_c] = 120\,\text{MPa}$。试按立柱的强度计算许可载荷[$F$]。

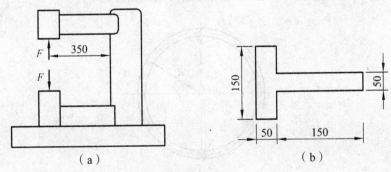

题图 11.3

11.4 正方形截面的立柱，受力如图所示。若在其左侧中部开一深为 $a/4$ 的槽，试问开槽前后杆的最大正应力位于何处？其值为多少？若在杆的右侧对称位置开一个相同的槽，其应力有何变化？其值为多少？

11.5 传动轴左端的轮子由电机带动，传入的扭转力偶矩 $M_e = 300\,\text{N·m}$。两轴承中间的齿轮半径 $R = 200\,\text{mm}$，径向啮合力 $F_t = 1\,400\,\text{N}$，轴的材料许用应力 $[\sigma] = 100\,\text{MPa}$。试按第三强度理论设计轴的直径 d。

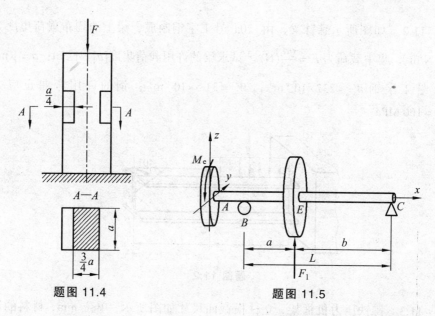

题图 11.4

题图 11.5

11.6　图示一具有微小缝隙的开口圆环，缝隙边缘作用一对载荷 F。圆环轴线的半径 $R=120\ \text{mm}$，横截面为正方形，边宽 $b=30\ \text{mm}$，许用应力 $[\sigma]=160\ \text{MPa}$。试根据第三强度理论确定许用载荷 $[F]$。

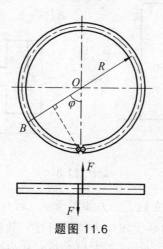

题图 11.6

11.7　图示拐轴，承受铅垂载荷 F 作用。轴 AB 与摇臂 BC 的长度分别为 $l=400\ \text{mm}$ 与 $a=400\ \text{mm}$。轴 AB 由套管 1 与芯轴 2 组成，套管的内、外径分别为 $d_1=20\ \text{mm}$ 与 $D_1=30\ \text{mm}$，芯轴的直径 $d=18\ \text{mm}$，套管与芯轴的弹性模量分别为 E_1 与 E_2，切变模量分别为 G_1 与 G_2，许用应力分别为 $[\sigma]_1$ 与 $[\sigma]_2$，且

$E_1 = 2E_2$，$G_1 = 2G_2$，$[\sigma]_1 = 2.2[\sigma]_2 = 150\,\text{MPa}$。试根据第三强度理论确定载荷 F 的许用值。

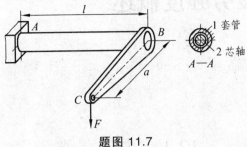

题图 11.7

11.8　图示钢制实心圆轴其上的两个齿轮上作用有切向力和径向力，齿轮 C 的节圆（齿轮上传递切向力的点构成的圆）直径 $d_C = 400\,\text{mm}$，齿轮 D 的节圆直径 $d_D = 200\,\text{mm}$。已知许用应力 $[\sigma] = 100\,\text{MPa}$。试按第四强度理论求轴的直径。

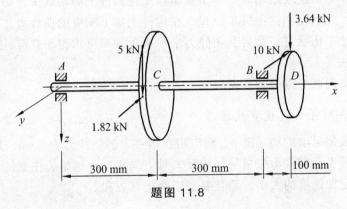

题图 11.8

第 12 章
动载荷及疲劳强度概述

12.1   内容提要

12.1.1   等加速度运动时构件的应力计算方法

构件作等加速度运动时,为了确定作用在构件上的动载荷,必须首先分析加速度,然后应用达朗贝尔原理,在构件上加上相应的惯性力,并假定构件处于静止平衡状态,最后利用静力学平衡条件即可求得动载荷,这种方法叫做动静法。

这一类问题可以分为三类。

1. 构件作等加速度直线运动

这时确定运动的加速度 a,则作用在构件上的惯性力为 $-ma$,其中 m 为质量,负号表示惯性力矢量与加速度矢量方向相反。这里要注意的是,不仅要正确确定加速度的大小,而且要正确确定其方向。

2. 构件作等角速度转动

在某些工程问题中,可能不存在相应的静载荷,也就无法计算其动荷系数,但构件却仍承受动载荷。

当圆环的平均直径 D 大于厚度 δ 时,可以认为环内各点的向心加速度大小相等,均为 $a_n = \dfrac{D}{2}\omega^2$。设圆环横截面面积为 A,单位体积重量为 ρ,则作用在环中心线单位长度的惯性力为

$$q_d = \frac{A\rho}{g} a_n = \frac{A\rho D}{2g}\omega^2 \tag{12.1}$$

其方向与向心加速度方向相反，且沿圆环中心线上各点大小相等，如图所示。

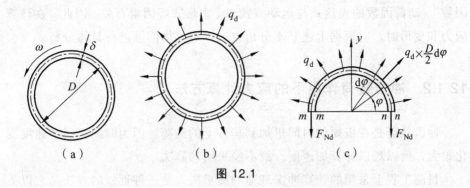

图 12.1

为计算圆环的应力，将圆环沿任意直径切开，并设切开后截面上的拉力为 F_{Nd}，则由上半部分平衡方程 $\sum F_y = 0$，得

$$2F_{Nd} = \int_0^\pi q_d \sin\varphi \frac{1}{2} D\mathrm{d}\varphi = q_d D$$

即

$$F_{Nd} = \frac{q_d D}{2} = \frac{A\rho D^2}{4g}\omega^2 \qquad (12.2)$$

于是圆环横截面上应力为

$$\sigma_d = \frac{F_{Nd}}{A} = \frac{\rho D^2}{4g}\omega^2 = \frac{\rho}{g}v^2 \qquad (12.3)$$

式中，$v = \dfrac{D\omega}{2}$ 为圆环中心线上各点处的切向线速度。上式表明，圆环中应力仅与材料单位体积重量 ρ 和线速度 v 有关。这意味着增大圆环横截面面积并不能改善圆环强度。

3. 构件作等角加速度转动

作等角加速度转动的构件，其上各点均具有切向加速度，因而作用有方向与之相反的切向惯性力。若等角加速度为 ε，转动半径为 R，则切向加速度 a_τ 的数值为 $a_\tau = R\varepsilon$，方向与 ε 方向一致，切向惯性力的数值为 ma_τ 或 $mR\varepsilon$，方向与 a_τ 方向相反。

以上三类问题中，动载荷、动应力、动变形可以分别由相应的静载荷、静应力、静变形乘以一个与加速度有关的系数而得到，这个系数称为"动荷因数"。动荷因数的表达式与运动方式、受力形式等因素有关。因此，在计算应力和变形时，应根据上述基本分析方式，对具体问题进行具体分析。

12.1.2 冲击载荷作用下的应力计算方法

冲击载荷是在极短的时间里加到构件上的载荷。因为时间极短，速度变化很大，所以难以计算加速度，故不能采用动静法。

目前工程上采用的计算冲击载荷的能量法，是一种近似的方法，它以下述基本假定为基础：

（1）冲击物变形很小，故可忽略而将其视为刚体。

（2）被冲击的构件质量比冲击物小得多，可不考虑。

（3）构件依然处于弹性范围。

根据能量守恒和转换定律，冲击前，冲击物的动能在冲击后全部转变为系统的弹性应变能。即

$$T + V_p = V_\varepsilon \tag{12.4}$$

式中：T 为系统的动能；V_p 为系统的载荷位能；V_ε 为系统的弹性应变能。

对于线弹性材料，弹性应变能与冲击载荷、冲击变形之间的关系同静载荷作用时具有相同的形式。

$$V_\varepsilon = \frac{1}{2} F_d \Delta_d \tag{12.5}$$

其中：F_d 为冲击载荷；Δ_d 为冲击载荷作用下构件在加力点的变形量。

根据上述二式，并利用弹性范围载荷和变形之间的关系，得到只包含 Δ_d 或 F_d 一个未知量的方程。由此即可解得动载荷 F_d，或先解出动变形 Δ_d，再利用它们之间的线性关系求得动载荷 F_d。

同样，冲击载荷也可以由静载荷乘以动载荷因数而得到。但要注意，对于不同的冲击方式，动载荷因数各不相同。

12.1.3　交变应力的几个概念

设周期性应力-时间历程如图所示，其特征量有应力循环、最大应力、最小应力、平均应力、应力幅和应力比。

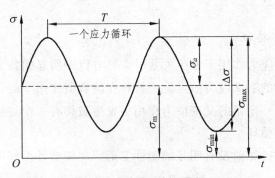

图 12.2　应力-时间历程

一点的应力随着时间的改变而变化，这种应力称为交变应力。

应力变化的一个周期，称为应力的一次循环，例如应力从最大值变到最小值，再从最小值变到最大值。这个过程叫应力循环。

应力循环中最小应力与最大应力的比值叫应力比，用 γ 表示，即

$$\gamma = \frac{\sigma_{\max}}{\sigma_{\min}} \tag{12.6}$$

最大应力与最小应力的平均值，叫做平均应力，用 σ_{m} 表示，即

$$\sigma_{\mathrm{m}} = \frac{\sigma_{\max} + \sigma_{\min}}{2} \tag{12.7}$$

应力变化的幅度的一半，叫做应力幅值，用 σ_{a} 表示，即

$$\sigma_{\mathrm{a}} = \frac{\sigma_{\max} - \sigma_{\min}}{2} \tag{12.8}$$

应力循环中最大值叫做最大应力，最小值叫做最小应力。

应力循环中应力数值与正负号都反复变化，$\sigma_{\max} = -\sigma_{\min}$，这种应力循环叫做对称循环。

只是应力数值随时间变化而应力正负号不发生变化，且最小应力等于零，这种应力循环称为脉冲循环。

注意：在 5 个特征量 σ_{max}、σ_{min}、σ_m、σ_a（或 $\Delta\sigma$）、γ中，只有 2 个是独立的，即只要已知其中的任意 2 个，就可求出其他的量。

12.1.4　疲劳破坏特征、过程、原因及断口

1. 疲劳破坏特征

构件在交变应力作用下发生失效时，具有以下明显的特征：

（1）破坏时的名义应力值远低于材料在静载荷作用下的强度指标。

（2）构件在一定量的交变应力作用下发生破坏有一个过程，即需要经过一定数量的应力循环。

（3）构件在破坏前没有明显的塑性变形，即使塑性很好的材料，也会出现脆性断裂。

（4）同一疲劳破坏端口，一般都有明显的光滑区与颗粒区。

2. 疲劳破坏过程与原因

经典理论认为：在一定数值的交变应力作用下，金属零件或构件表面处的某些晶粒，经过若干次应力循环之后，其原子晶格开始发生剪切与滑移，逐渐形成滑移带。随着应力循环次数的增加，滑移带变宽并不断延伸。这样的滑移带可以在某个滑移面上产生初始疲劳裂纹，也可以逐步积累，在零件或构件表面形成切口样的凸起与凹陷。在切口尖端处由于应力集中，因而产生初始疲劳裂纹，初始疲劳裂纹最初只在单个晶粒中发生，并沿着滑移面扩展，在裂纹尖端应力集中作用下，裂纹从单个晶粒贯穿到若干晶粒。金属晶粒的边界以及夹杂物与金属相交界处，由于强度较低因而也可能是初始的裂纹源。

3. 疲劳破坏断口

大多数情形下，疲劳破坏断口具有不同的区域：

（1）疲劳源区，初始裂纹由此形成并扩展开去。

（2）疲劳扩展区，有明显的条纹，类似贝壳或海浪冲击后的海滩，它是由裂纹的传播所形成的。

（3）瞬间断裂区。

12.1.5 影响疲劳寿命的因素

1. 应力集中的影响

应力集中的存在不仅有利于形成初始的疲劳裂纹，而且有利于裂纹的扩展，从而降低零件的疲劳极限。

2. 零件尺寸的影响

尺寸引起疲劳极限降低的原因主要有以下几种：

（1）毛坯质量因尺寸而异，大尺寸毛坯比小尺寸毛坯多。

（2）大尺寸零件表面积和表层体积都比较大，而裂纹源一般都在表面或表层下，故形成疲劳源的概率也比较大。

（3）应力梯度的影响。

3. 表面加工质量的影响

零件承受弯曲或扭转时，表层应力最大，对于几何形状有突变的拉压构件，表层处也会出现较大的峰值应力。因此，表面加工质量将会直接影响裂纹的形成和扩展，从而影响零件的疲劳极限。

12.1.6 提高疲劳强度的措施

所谓提高疲劳强度,通常是指在不改变构件的基本尺寸和材料的前提下,通过减少应力集中和改善表面质量，以提高构件的疲劳极限。

因为疲劳裂纹大多发生在有应力集中的部位、焊缝及构件表面，所以，一般来说，提高构件疲劳强度应从减缓应力集中、提高加工质量等方面入手，基本措施如下：

（1）合理设计构件形状，减缓应力集中。构件上应避免出现有内角的孔和带尖角的槽；在截面变化处，应使用较大的过渡圆角或斜坡；在角焊缝处，应采用坡口焊接。

（2）选择合适的焊接工艺，提高焊接质量。要保证较高的焊接质量，最好的方法是采用自动焊接设备。

（3）提高构件表面质量。制造中，应尽量降低构件表面的粗糙度；使用中，应尽量避免构件表面发生机械损伤和化学损伤（如腐蚀、锈蚀等）。

（4）增加表层强度。适当地进行表层强化处理，可以显著提高构件的疲劳强度。如采用高频淬火热处理方法，渗碳、氮化等化学处理方法，滚压、喷丸等机械处理方法。这些方法在机械零件制造中应用较多。

（5）采用止裂措施。当构件上已经出现了宏观裂纹后，可以通过在裂尖钻孔、热熔等措施，减缓或终止裂纹扩展，提高构件强度。

12.2 典型题精解

【例 12.1】   如图 12.3 所示，起重机丝绳的有效横截面面积为 A，$[\sigma] = 300\,MPa$，物体单位体积的质量 ρ，以加速度 a 上升，试校核钢丝绳的强度。

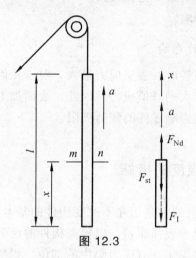

图 12.3

解：（1）受力分析，如图所示。
惯性力

$$q_I = \rho A a$$

$$F_{Nd} = (q_{st} + q_I)x = \rho A g x \left(1 + \frac{a}{g}\right)$$

（2）校核强度。
动应力

$$\sigma_d = \frac{F_{Nd}}{A} = \rho x \left(1 + \frac{a}{g}\right)$$

动荷因数

$$K_d = 1 + \frac{a}{g}$$

强度条件

$$\sigma_{d, max} = K_d \sigma_{st, max} \leqslant [\sigma]$$

【例 12.2】 一圆杆以角速度 ω_0 绕 A 轴在铅垂平面内旋转,如图 12.4 所示。圆杆的 B 端有一质量为 m 的小球,已知 $m = 10 \text{ kg}$,$\omega_0 = 0.1 \text{ rad/s}$,$l = 1 \text{ m}$,$b = 0.9 \text{ m}$,圆杆直径 $d = 10 \text{ mm}$。若杆在 C 点受力而使杆的转速在时间 $t = 0.05 \text{ s}$ 内均匀地减为 0,试求杆内最大动应力 $\sigma_{d,max}$。忽略杆本身重量,重力加速度 $g = 9.8 \text{ m/s}^2$。

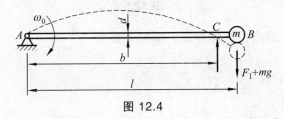

图 12.4

解:(1)计算 B 点的切向加速度。杆的角加速度大小为

$$\alpha = \frac{\omega_0}{t} = \frac{0.1}{0.05} = 2 \text{ rad/s}^2$$

于是,B 点切向加速度的大小为

$$a = l\alpha = 1 \times 2 = 2 \text{ m/s}^2$$

(2)计算杆内最大动应力。作用在 B 端集中质量 m 上的惯性力大小为

$$F_1 = ma = 10 \times 2 = 20 \text{ N}$$

在 F_1 和 C 点阻力的共同作用下,在圆杆 C 截面弯矩最大,其值为

$$(F_1 + mg)(l - b)$$

所以,杆中最大动应力发生在 C 截面,其大小为

$$\sigma_{d,max} = \frac{(F_1 + mg)(l-b)}{W_z} = \frac{(20 + 10 \times 9.8) \times (1 - 0.9)}{\pi \times (0.01)^3 / 32} = 120.25 \text{ MPa}$$

【**例 12.3**】 如图 12.5 所示两个相同的钢梁受相同的自由落体冲击，一个支于刚性支座上，另一个支于弹簧常数 $k = 100\ \text{N/mm}$ 的弹簧上。已知 $l = 3\ \text{m}$，$h = 50\ \text{mm}$，$P = 1\ \text{kN}$，钢梁的 $I = 34 \times 10^6\ \text{mm}^4$，$W_z = 309 \times 10^3\ \text{mm}^3$，$E = 200\ \text{GPa}$。试比较二者的动应力。

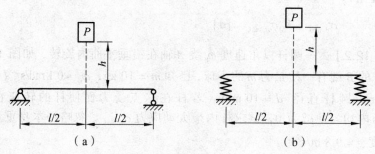

图 12.5

解： 该冲击属自由落体冲击，动荷系数为

$$k_\text{d} = 1 + \sqrt{1 + \frac{2h}{\varDelta_\text{st}}}$$

在图 12.5（a）中

$$\varDelta_\text{st} = \frac{Pl^3}{48EI} = \frac{1 \times 10^3 \times 3^3}{48 \times 200 \times 10^9 \times 3\ 400 \times 10^{-8}}$$
$$= 8.27 \times 10^{-5}\ \text{m} = 0.082\ 7\ \text{mm}$$

$$k_\text{d} = 1 + \sqrt{1 + \frac{2 \times 5 \times 10^{-2}}{8.27 \times 10^{-5}}} = 35.8$$

$$\sigma_\text{st,max} = \frac{Pl}{4W_z} = \frac{1 \times 10^3 \times 3}{4 \times 309 \times 10^{-6}} = 2.43\ \text{MPa}$$

于是得

$$\sigma_\text{d,max} = k_\text{d}\sigma_\text{st,max} = 35.8 \times 2.43 = 86.9\ \text{MPa}$$

在图 12.5（b）中

$$\varDelta_\text{d} = \frac{Pl^3}{48EI} + \frac{P}{2k} = 8.27 \times 10^{-5} + \frac{1 \times 10^3}{2 \times 100 \times 10^3}$$
$$= 5.082\ 7 \times 10^{-3}\ \text{m} = 5.082\ 7\ \text{mm}$$

$$k_d = 1 + \sqrt{1 + \frac{2 \times 5 \times 10^{-2}}{5.082\ 7 \times 10^{-3}}} = 5.55$$

$$\sigma_{d,\max} = k_d \sigma_{st,\max} = 5.55 \times 2.43 = 13.5 \text{ MPa}$$

【例 12.4】 一下端固定、长度为 l 的铅直圆截面杆 AB，在 C 点处被一物体 G 沿水平方向冲击（图 12.6（a））。已知 C 点到杆下端的距离为 a，物体 G 的重量为 P，物体 G 在与杆接触时的速度为 v。试求杆在危险点处的冲击应力。

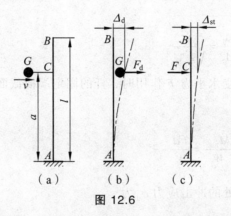

图 12.6

解：在冲击过程中，物体 G 的速度由 v 减低为 0，所以动能的减少为 $E_k = \dfrac{Pv^2}{2g}$。又因冲击是沿水平方向的，所以物体的势能没有改变，亦即 $E_P = 0$。

杆内应变能为 $V_{ed} = \dfrac{1}{2}F_d\Delta_d$。由于杆受水平方向的冲击后将发生弯曲，所以其中 Δ_d 为杆在被冲击点 C 处的冲击挠度（图 12.6（b）），其与 F_d 间的关系为 $\Delta_d = \dfrac{F_d a^3}{3EI}$，由此得 $F_d = \dfrac{3EI}{a^3}\Delta_d$。于是，可得杆内的应变能为

$$V_{ed} = \frac{1}{2}F_d\Delta_d = \frac{1}{2}\left(\frac{3EI}{a^3}\right)\Delta_d^2$$

由机械能守恒定律可得

$$\frac{Pv^2}{2g} = \frac{1}{2}\left(\frac{3EI}{a^3}\right)\Delta_d^2$$

由此解得 Δ_d 为

$$\Delta_d = \sqrt{\frac{v^2}{g}\left(\frac{Pa^3}{3EI}\right)} = \sqrt{\frac{v^2}{g}\Delta_{st}} = \Delta_{st}\sqrt{\frac{v^2}{g\Delta_{st}}}$$

式中：$\Delta_{st} = \dfrac{Pa^3}{3EI}$，是杆在 C 处受到一个数值等于冲击物重量 P 的水平力 F（即 $F = P$）作用时该点的静挠度（图 12.6（c））。由上式即得在水平冲击情况下的动荷系数 k_d 为

$$k_d = \frac{\Delta_d}{\Delta_{st}} = \sqrt{\frac{v^2}{g\Delta_{st}}}$$

当杆在 C 点处受水平力 F 作用时，杆的固定端横截面最外边缘（即危险点）处的静应力为

$$\sigma_{st} = \frac{M_{max}}{W} = \frac{Fa}{W}$$

于是，杆在危险点处的冲击应力 σ_d 为

$$\sigma_d = k_d\sigma_{st} = \sqrt{\frac{v^2}{g\Delta_{st}}} \cdot \frac{Fa}{W}$$

12.3　自测题

12.1　如图所示为悬臂梁，A 端固定，自由端 B 的上方有一重物自由落下，撞击到梁上，已知：梁材料为木材，弹性模量 $E = 10\,\text{GPa}$，梁长 $L = 2\,\text{m}$，截面为 $120\,\text{mm} \times 200\,\text{mm}$ 的矩形，重物高度为 $400\,\text{mm}$，重量 $P = 1\,\text{kN}$。求：（1）梁所受的冲击载荷；（2）梁横截面上的最大冲击正应力与最大冲击挠度。

12.2　重 $5\,\text{kN}$ 的物体 P 自由下落在直径为 $300\,\text{mm}$ 的圆木柱上。木材的 $E = 10\,\text{GPa}$。试求冲击时木柱内的最大正应力。若在柱上端垫以直径与木柱相同而厚度为 $20\,\text{mm}$ 的橡胶，假设橡胶的受力与变形近似满足胡克定律，且 $E = 8.0\,\text{MPa}$，则木柱内的最大正应力减少至多少？

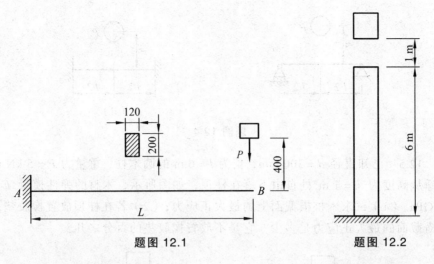

题图 12.1　　　　　　　　题图 12.2

12.3　重物 P 分别从上方、下方和水平方向冲击同样的简支梁中心，如图所示，设重物与梁接触时速度均为 v，而且可以忽略梁的质量，这 3 种情况下梁的最大正应力是否相同？为什么？

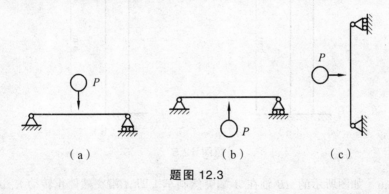

题图 12.3

12.4　同样的梁处于图示 4 种不同的约束条件下，在中点受到同样的冲击载荷或静载荷，试列出它们的最大动应力和最大静应力的大小顺序。（可用 $K_d \approx \sqrt{2h/\Delta_{st}}$ ）

（a）　　　　　　　　　　（b）

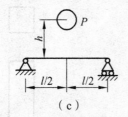

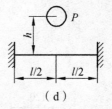

（c）   （d）

题图 12.4

12.5 已知直径 $d = 300$ mm，长为 $l = 6$ m 的圆木柱，重量为 $P = 5$ kN 的重锤从高度为 $h = 1$ m 处自由下落在柱顶，如图所示，木材的弹性模量 $E = 10$ GPa。（1）试求木桩横截面上的最大正应力；（2）若在柱顶放置橡胶垫，则横截面的最大正应力是多少？它是不放置橡胶垫的百分之几？

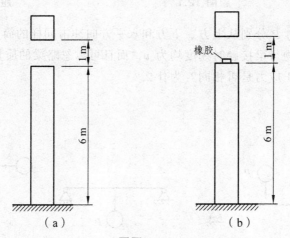

（a）   （b）

题图 12.5

12.6 如图所示的 AB 轴在 A 端突然刹车（即 A 端突然停止转动），试求轴内最大动应力。设轴长为 l，切变模量为 G，飞轮角速度为 ω，转动惯量为 I_x。

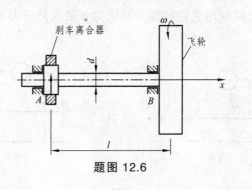

题图 12.6

12.7 一焊接工字形截面的简支梁如图所示。附梁跨中作用有一脉动常幅交变载荷 F，其 $F_{max} = 800$ kN。该梁由手工焊接而成，属第 4 类构件，已知构件在服役期内载荷的交变次数为 2.4×10^6，截面的惯性矩 $I_z = 2.041 \times 10^{-3}$ m^4，材料为 Q235 钢。试校核梁 AB 的疲劳强度。

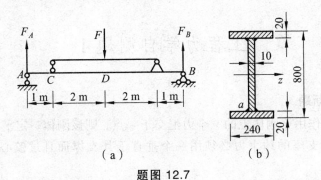

题图 12.7

第13章
工程力学综合自测题

工程力学自测题 1

一、判断题

1. 如果作用于刚体上的三个力汇交于一点，则该刚体一定平衡。（　　）

2. 辊轴支座的约束力必须用一个垂直于其支撑面且过铰心的力表示。（　　）

3. 某平面力系由一平面平行力系（平面平行力系简化为一力偶）与一平面汇交力系组成（汇交点位 A），则若力系向另一点 B 简化，必有 $M_B \neq 0$。（　　）

4. 在求解有摩擦的平衡问题（非临界平衡）时，静摩擦力的方向可以任意假设，而其大小一般是未知的。（　　）

5. 选用合理的截面形状是提高梁弯曲强度的措施之一，因此对于抗拉和抗压强度相等的塑性材料，宜采用对称于中性轴的截面形状，如空心圆形、工字形等。（　　）

二、填空题

1. 某正方形平板边长为 l，受力如图 1 所示，则该平板所受力系向点 A 简化的主矢大小为＿＿＿＿＿＿，方向为＿＿＿＿＿＿，主矩大小为＿＿＿＿＿＿，方向为＿＿＿＿＿。

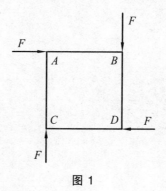

图 1

2. 图 2 所示桁架中，零力杆的标号为_____。

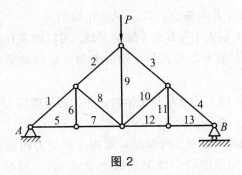

图 2

3. 某变截面实心圆杆受力及尺寸如图 3 所示（单位：mm），弹性模量为
$E = 200\,\text{GPa}$，则该杆轴向变形总量为_____，杆内最大切应力
为_____。

4. 如图 4 所示，已知物块 A 重 100 kN，物块 B 重 25 kN，物块 A 与地
面之间的滑动摩擦因数为 0.2，滑轮处摩擦不计，则物块 A 与地面间的摩擦
力的大小为_____。

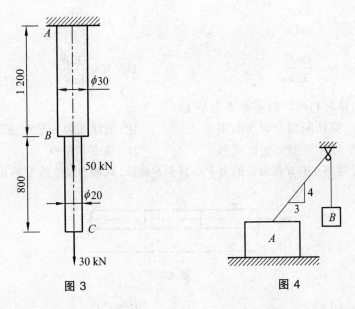

图 3   图 4

5. 一内外径之比为 $\alpha = d/D$ 的空心圆轴，当两端承受扭转力偶时，若横
截面上的最大切应力是 τ，则内圆周处的切应力为_____。（用 α
和 τ 来表示）

三、选择题

1. 关于投影和分力的概念，以下说法正确的是（　　　）。

    A. 已知力 F 的大小及其与 x 轴的夹角，可以确定力 F 在 x 轴的投影

    B. 已知力 F 的大小及其与 x 轴的夹角，可以确定力 F 在 x 轴方向的分力

    C. 已知力 F 的大小及其与 x 轴的夹角，可以确定力 F 对坐标原点的矩

    D. 以上说法均不正确

2. 直径为 d 的圆截面梁，两端在对称面内承受力偶矩为 M 的力偶作用，如图 5 所示，若已知变形后中性面的曲率半径为 ρ，材料的弹性模量为 E。根据 d、ρ、E 可以求得梁所能承受的力偶矩为 M。现有 4 种答案，正确的是（　　　）。

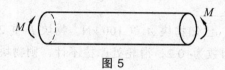

图 5

    A. $M = \dfrac{E\pi d^4}{64\rho}$ B. $M = \dfrac{64\rho}{E\pi d^4}$

    C. $M = \dfrac{E\pi d^3}{32\rho}$ D. $M = \dfrac{32\rho}{E\pi d^3}$

3. 固体材料破坏的基本类型是（　　　）。

    A. 脆性断裂和剪切断裂   B. 脆性断裂和塑性屈服

    C. 弹性变形和塑性变形   D. 蠕变和松弛

4. 若将图 6 中 B 截面处的力 F 平移至 C 截面，则轴力发生改变的是（　　　）。

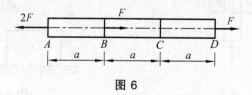

图 6

    A. AB 段   B. BC 段

    C. CD 段   D. 三段均发生改变

5. 图 7 中四杆均为圆截面直杆，杆长相同，且均为轴向加载，关于四根

杆临界载荷的大小,有四种答案,试判断哪一种是正确的(其中弹簧的刚度较大)。(　　)

A. F_{cr}(a)$< F_{cr}$(b)$< F_{cr}$(c)$< F_{cr}$(d)

B. F_{cr}(a)$> F_{cr}$(b)$> F_{cr}$(c)$> F_{cr}$(d)

C. F_{cr}(b)$> F_{cr}$(c)$> F_{cr}$(d)$> F_{cr}$(a)

D. F_{cr}(b)$> F_{cr}$(a)$> F_{cr}$(c)$> F_{cr}$(d)

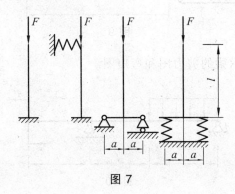

图 7

四、计算题

1. 某结构受力如图 8 所示,其中 $q = 2$ kN/m,试求出支座 A、B 处的约束反力,并求解 AD 杆、CD 杆和 BD 杆所受的力。

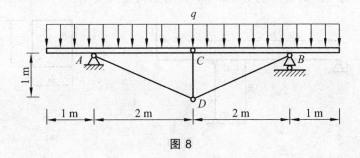

图 8

2. 如图 9 所示,长 $l = 2$ m,内径为 $d = 30$ mm,外径为 $D = 60$ mm 的空心圆轴,材料的弹性常数 $E = 200$ GPa,泊松比 $\mu = 0.3$,$[\sigma] = 200$ GPa,受力偶矩 $M_e = 3$ kN·m 和集中力作用 $F = 80$ kN。试计算:

(1)截面 B 的扭转角;

(2)用单元体描述圆轴外表面 D 点的应力;

（3）试按第四强度理论校核轴的强度。

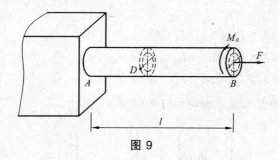

图 9

3. 作图 10 所示梁的剪力图和弯矩图。

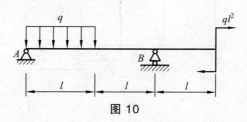

图 10

4. 梁 AB 和杆 CD 组成平面结构如图 11 所示, 已知两者的材料均为 Q235 钢, $F = 15$ kN, $\sigma_s = 235$ MPa, $E = 206$ GPa, 梁 AB 的横截面是矩形截面, 尺寸如图, $b = 80$ mm, $h = 150$ mm。已知强度安全因数 $n_s = 1.5$, 稳定安全因数 $n_{st} = 1.8$, 杆 CD 的直径为 $d = 20$ mm, 问结构是否安全?

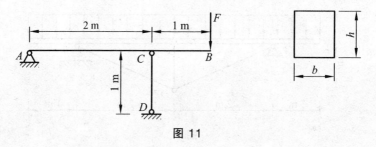

图 11

工程力学自测题 2

一、判断题

1. 用解析法求平面汇交力系的平衡问题时, 当 x 轴和 y 轴不互相垂直时,

建立的平衡方程 $\sum F_x = 0, \sum F_y = 0$ 也能满足力系的平衡条件。（　　　）

2. 两个力偶的力偶矩矢相等，则这两个力偶等效。（　　　）

3. 空间平行力系的简化结果不可能是力螺旋。（　　　）

4. 摩擦力是未知约束力，其大小和方向完全可以由平衡方程来确定。
（　　　）

5. 圆轴扭转破坏现象表明：对于低碳钢之类的塑性材料，其抗拉能力低于其抗剪能力；对于铸铁之类的脆性材料，其抗剪能力低于其抗拉能力。
（　　　）

二、填空题

1. 图 1 所示结构自重不计，受力偶矩为 M 的力偶的作用，则支座 A 的约束反力大小为_____，方向为_____。

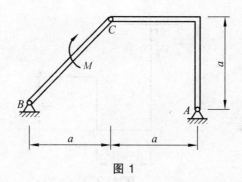

图 1

2. 现有低碳钢和灰铸铁的杆件可供选用，图 2 所示桁架，_____杆选低碳钢，_____杆选灰铸铁。

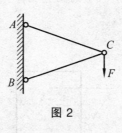

图 2

3. 某梁的约束及剪力图如图 3 所示，则支座 A 处的约束力为_____，方向_____，B 处的约束力为_____，方向_____。

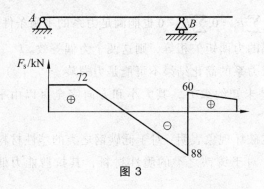

图 3

4. 某折杆受力如图 4 所示，杆 AB、BC、CD 与力 F 在同一平面内，则 AB、BC、CD 段分别是哪几种基本变形的组合：其中 AB 为＿＿＿＿＿＿＿＿＿＿变形；BC 为＿＿＿＿＿＿＿＿＿＿变形；CD 为＿＿＿＿＿＿＿＿＿＿变形。

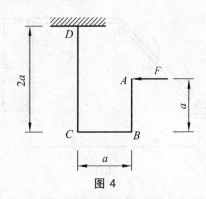

图 4

5. 如图 5 所示三个微元体，虚线表示其受力的变形情况，则微元体（a）的切应变 γ_a =＿＿＿＿＿，微元体（b）的切应变 γ_b =＿＿＿＿＿，微元体（c）的切应变 γ_c =＿＿＿＿＿。

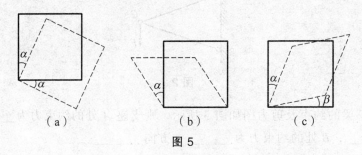

（a）　　　　　（b）　　　　　（c）

图 5

三、选择题

1. 平面任意力系向其作用平面内某一点简化得到一个合力。如再另选不在这一合力作用线上的另一点为简化中心，则该力系向该简化中心简化得到（   ）。

　　A. 一个力偶　　　　　　　　　　B. 一个力

　　C. 一个力和一个力偶　　　　　　D. 一个力或一个力偶

2. 如图 6 所示结构，各杆自重不计，若系统受力 F 的作用，则其支座 A 处的约束反力方向为（   ）。

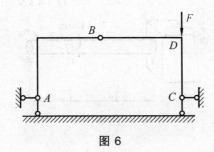

图 6

　　A. AB 方向　　　　　　　　　　B. AD 方向

　　C. 铅垂方向　　　　　　　　　　D. 水平方向

3. 图示结构，各构件自重不计，系统受力如图 7 所示。以下说法正确的是：（   ）。

　　A. 构件 AC 是二力构件

　　B. 构件 BC 是二力构件

　　C. 构件 AC 和构件 BC 都是二力构件

　　D. 构件 AC 和构件 BC 都不是二力构件

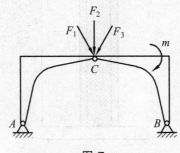

图 7

4. 分析下列现象，不能满足强度、刚度、稳定性中的稳定性要求的是哪种现象：（   ）。

    A. 车削较长的轴类零件时，未装上尾架，使加工精度较差

    B. 水塔的水箱由承压的四根管柱支撑，忽然间管柱弯曲，水箱轰然坠地

    C. 起重机吊重物时钢索被拉断

    D. 吊车梁上的小车在梁上行走困难，好像总是在爬坡

5. 当图 8 所示受扭圆轴 B 截面的扭转角 $\phi_B = 0$ 时，m_B 为（   ）。

    A. 1 kN·m   B. 2 kN·m

    C. 3 kN·m   D. 4 kN·m

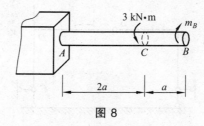

图 8

四、计算题

1. 如图 9 所示，在外径 $D = 25$ mm，内径 $d = 15$ mm，长 $l = 200$ mm 的铜管内套进一根直径为 15 mm 的钢杆，其中铜的弹性模量 $E_1 = 100$ GPa，钢的弹性模量 $E_2 = 200$ GPa，$F = 10$ kN。求：（1）铜管和钢杆内的应力；（2）铜管和钢杆内的变形。

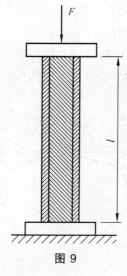

图 9

2. 某实心圆轴在 $n = 120$ r/min 时传递 25 kW 的功率，而在 30 倍于直径的长度内扭转角不超过 1°，剪切弹性模量 $G = 80$ GPa，试求轴的直径及其中的最大切应力。

3. 矩形截面立柱受压，如图 10 所示。力 F_1 的作用线与立柱轴线重合，力 F_2 的作用线与立柱轴线平行，且位于 xy 平面内。已知 $F_1 = F_2 = 80$ kN，$b = 240$ mm，力 F_2 的偏心距 $e = 100$ mm，如果要求立柱的横截面上不出现拉应力。试：（1）求截面尺寸 h；（2）当 h 确定以后，求立柱内的最大压应力。

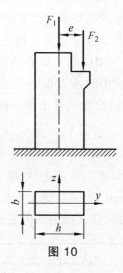

图 10

4. 一托架如图 11 所示，AB、AC 皆为圆截面杆，已知 $a = 0.6$ m，$l = 0.5$ m，$F = 100$ kN，材料为 A3 钢，$E = 200$ GPa，稳定安全系数 $[n_{st}] = 2$，材料许用应力 $[\sigma] = 160$ MPa，试选择 AB、AC 杆的直径。

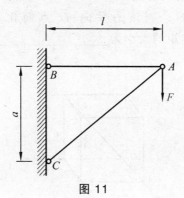

图 11

工程力学自测题 3

一、判断题

1. 如果力 F_R 是 F_1、F_2 两力的合力，用矢量方程表示为 $F_R = F_1 + F_2$，则三力大小之间的关系为 $F_R = F_1 + F_2$。（　　　）

2. 某简支梁受均布载荷作用而产生变形，则其可动铰支座处的截面有转角也有位移。（　　　）

3. 有摩擦时物体的平衡问题必须满足力系的平衡条件，因此，静滑动摩擦力的大小系由平衡条件决定，但必须介于零与最大静摩擦力的大小之间。（　　　）

4. 横截面形状和尺寸完全相同的木梁和铸铁梁，在相同的弯矩作用下，木梁中的最大正应力和铸铁梁中的最大正应力相同。（　　　）

5. 如果平面图形对某一轴的静矩等于零，则该轴一定是平面的对称轴。（　　　）

二、填空题

1. 如图 1 所示，外半径为 $R = 20 \text{ mm}$，壁厚 $t = 10 \text{ mm}$ 的圆筒受扭，弹性模量 $E = 200 \text{ GPa}$，泊松比 $\mu = 0.3$，圆筒受扭变形在弹性范围内，当其上的最大切应力 $\tau_{max} = 100 \text{ MPa}$ 时，表层点 A 处的 3 个主应力分别为＿＿＿＿＿＿。

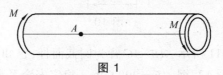

图 1

2. 如图 2 所示，某正方体边长 $a = 20 \text{ cm}$，在顶点 A 沿对角线 AB 作用一力 F，其大小为 $200\sqrt{3} \text{ kN}$，则该力系向 O 点简化的结果：主矢的大小为＿＿＿＿＿＿＿＿，主矩的大小为＿＿＿＿＿＿＿＿。

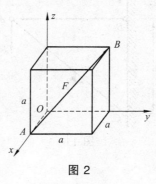

图 2

3. 如图 3 所示简支梁，采用圆截面和正方形截面，已知其横截面面积相等，材料相同，梁长度一样，若按正应力强度条件，两种不同截面的梁的承载能力之比为 $[F_a]/[F_b]=$ _____。

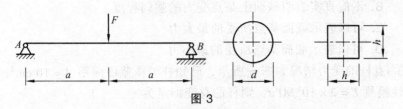

图 3

4. 圆杆受力如图 4 所示，按第三强度理论，危险点处的计算应力为 $\sigma_{r3}=$ _____。

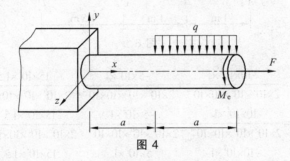

图 4

5. 两根细长大柔度压杆，横截面面积相等，其中一个形状为正方形，另一个为圆形，其他条件均相同，则横截面为_____的柔度大，横截面为_____的临界力大。

三、选择题

1. 如图 5 所示桁架结构，不用计算能直接判断零杆的根数为（　　　　）。

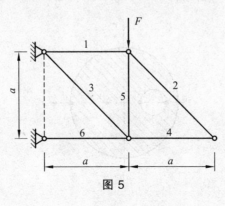

图 5

A. 2 根　　　　B. 3 根　　　　C. 4 根　　　　D. 5 根

2. 应力是分布内力在一点的集度，因此（　　）。

   A. 可能真实表明截面上某点受力的强弱程度

   B. 不能真实表明截面上某点受力的强弱程度

   C. 可以表示截面某点所受的最大力

   D. 可以表示截面某点所受的最小力

3. 直杆的受力情况如图 6 所示，已知杆的横截面面积 $A = 10\ \text{cm}^2$，材料的弹性模量 $E = 2 \times 10^5\ \text{MPa}$，则杆的总变形量为（　　）。

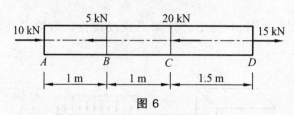

图 6

A. $\Delta l_{AD} = \dfrac{-10 \times 10^3 \times 1}{2 \times 10^5 \times 10^6 \times 10 \times 10^{-4}} + \dfrac{-5 \times 10^3 \times 1}{2 \times 10^5 \times 10^6 \times 10 \times 10^{-4}} + \dfrac{15 \times 10^3 \times 1.5}{2 \times 10^5 \times 10^6 \times 10 \times 10^{-4}} = 0.038\ \text{mm}$

B. $\Delta l_{AD} = \dfrac{10 \times 10^3 \times 1}{2 \times 10^5 \times 10^6 \times 10 \times 10^{-4}} + \dfrac{-5 \times 10^3 \times 1}{2 \times 10^5 \times 10^6 \times 10 \times 10^{-4}} + \dfrac{15 \times 10^3 \times 1.5}{2 \times 10^5 \times 10^6 \times 10 \times 10^{-4}} = 0.013\,8\ \text{mm}$

C. $\Delta l_{AD} = \dfrac{-10 \times 10^3 \times 1}{2 \times 10^5 \times 10^6 \times 10 \times 10^{-4}} + \dfrac{5 \times 10^3 \times 1}{2 \times 10^5 \times 10^6 \times 10 \times 10^{-4}} + \dfrac{15 \times 10^3 \times 1.5}{2 \times 10^5 \times 10^6 \times 10 \times 10^{-4}} = 0.017\,5\ \text{mm}$

D. $\Delta l_{AD} = \dfrac{-10 \times 10^3 \times 1}{2 \times 10^5 \times 10^6 \times 10 \times 10^{-4}} + \dfrac{-5 \times 10^3 \times 1}{2 \times 10^5 \times 10^6 \times 10 \times 10^{-4}} + \dfrac{-15 \times 10^3 \times 1.5}{2 \times 10^5 \times 10^6 \times 10 \times 10^{-4}} = -0.018\ \text{mm}$

4. 某梁的横截面形状如图 7 所示，圆截面上开有一圆孔，在 xOz 平面内作用有正弯矩 M，则绝对值最大的正应力位置发生在（　　）。

   A. 点 a　　　　B. 点 b　　　　C. 点 c　　　　D. 点 d

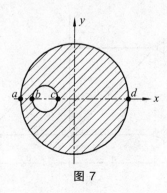

图 7

5. 关于钢制细长压杆承受轴向压力达到临界载荷之后，还能不能继续承载，有以下几种答案，试判断哪一种是正确的。（   ）

A. 不能。因为载荷达到临界值时屈曲位移将无限制地增加

B. 能。因为压杆一直到折断时都有承载能力

C. 能。只要横截面上的最大正应力不超过比例极限

D. 不能。因为超过临界载荷之后，变形不再是弹性的

四、计算题

1. 图 8 所示杆件结构受力 F 的作用，D 端搁在光滑斜面上，已知：$F=100\ kN$，$AC=1.6\ m$，$BC=0.9\ m$，$CD=1.2\ m$，$EC=1.2\ m$，$AD=2\ m$。若 AB 水平，ED 铅垂，求 BD 杆的受力及支座 A 的约束反力。

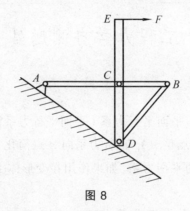

图 8

2. 直径为 10 mm 的钢制扭转轴，$[\tau]=150\ MPa$，$G=80\ GPa$，允许范围内其两端扭转角为 9°。试求此轴所能承受的最大扭矩及杆的最小长度。

3. 一矩形截面简支梁受力及尺寸如图 9 所示，$l=2\ m$，$b=30\ mm$，$h=60\ mm$，已知材料的许用应力 $[\sigma]=160\ MPa$，弹性模量 $E=200\ MPa$。试确定梁的许可载荷 $[F]$，并计算该载荷下的总伸长量。

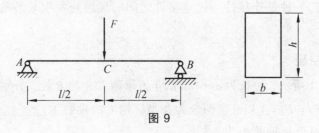

图 9

4. 某薄壁圆柱形锅炉容器平均直径为 $D=1.5\ m$，壁厚为 $\delta=14\ mm$，锅

炉的自重为 600 kN，可以简化为均布载荷，如图 10 所示，$l = 1.5$ m。承受内压作用 $p = 3.4$ MPa，已知容器为钢制，其屈服应力为 $\sigma_s = 400$ MPa，规定安全因数为 $n_s = 2$。试用第三强度理论校核容器的强度。

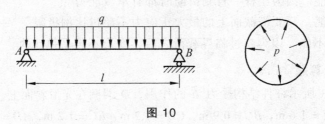

图 10

工程力学自测题 4

一、判断题

1. 某平面力系由一平面平行力系（平面平行力系简化为一力偶）与一平面汇交力系组成（汇交点位 A），则若力系向 A 点简化，必有 $M_A \neq 0$。（   ）

2. 作用于刚体上的平衡力系，如果作用在变形体上，则变形体一定平衡。（   ）

3. 开口薄壁截面上由弯曲剪力产生的切应力，其方向与周边垂直。（   ）

4. 悬挂的小球静止不动是因为小球对绳向下的拉力和绳对小球向上的拉力相互抵消的缘故。（   ）

5. 在外力作用下，连接件可能发生两种破坏形式，一种是沿两力之间的截面被剪断，一种是连接件与被连接件之间的接触处发生显著的塑性变形。（   ）

二、填空题

1. 如图 1 所示，边长为 $a = 1$ m 的正方形顶点 A 和 B 处，分别作用有力 F_1 和 F_2，已知 $F_1 = F_2 = 1$ kN，则两个力在坐标轴上的投影为_____，两个力分别对坐标轴的矩为_____。

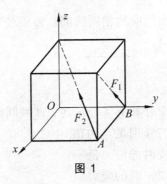

图 1

2. 如图 2 所示等截面直杆，受力 **F** 作用发生拉伸变形，已知杆的横截面面积为 A，则横截面上的正应力为＿＿＿＿，与轴线成 45°方向上的斜截面的正应力为＿＿＿＿。

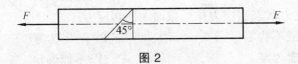

图 2

3. 某简支梁的受力如图 3 所示，则＿＿＿＿段为横力弯曲，＿＿＿＿段为纯弯曲。

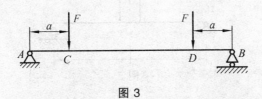

图 3

4. 如图 4 所示，横截面面积相同的三根梁，其截面分别为矩形、圆形和正方形，在相同弯矩作用下，它们最大正应力的关系是＿＿＿ > ＿＿＿ > ＿＿＿。

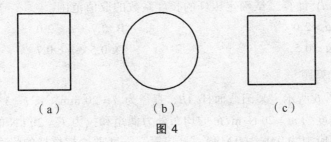

（a）　　　　（b）　　　　（c）

图 4

5. 两根材料、直径和约束均相同的圆截面细长压杆，杆长 $l_2 = 2l_1$，则两杆的临界压力之比为 $\dfrac{F_{cr1}}{F_{cr2}} = $ _____。

三、选择题

1. 关于条件屈服强度有如下 4 种论述，试判断哪一个是正确的（　　）。

    A. 弹性应变为 0.2% 时的应力值

    B. 总应变为 0.2% 时的应力值

    C. 塑性应变为 0.2% 时的应力值

    D. 塑性应变为 0.2 时的应力值

2. 切应力互等定理是由单元体（　　）导出的。

    A. 几何关系   B. 静力平衡关系

    C. 物理关系   D. 强度条件

3. 一点应力状态主应力作用截面上的切应力（　　）。

    A. 一般不为零   B. 一定为零

    C. 可能为零   D. 不能确定

4. 如图 5 所示，梁在突加载荷 P 的作用下，其最大弯矩 M_{dmax} 为（　　）。

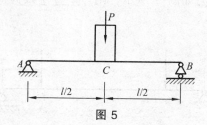

图 5

    A. Pl B. $Pl/2$

    C. $Pl/3$ D. $Pl/4$

5. 一端固定、另一端由弹簧侧向支承的细长压杆，可采用欧拉公式 $F_{cr} = \pi^2 EI/(\mu l)^2$ 计算。试确定压杆的长度系数的取值范围。（　　）

    A. $\mu > 2.0$ B. $0.7 < \mu < 2.0$

    C. $\mu < 0.5$ D. $0.5 < \mu < 0.7$

四、计算题

1. 如图 6 所示，某圆截面杆 AB，直径为 $d = 20\ \text{mm}$，长 $l = 3\ \text{m}$，左端固定，承受集度为 $m = 20\ \text{N·m/m}$ 的均布外力偶矩和拉力 $F = 20\ \text{kN}$ 的作用，已知杆的许用应力为 $[\sigma] = 160\ \text{MPa}$。试按第三强度理论校核杆的强度。

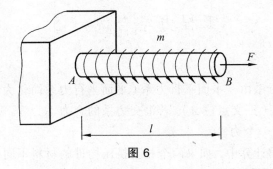

图 6

2. 如图 7 所示，已知 q、l，求图示梁 B 处的转角及端点 D 处的铅垂位移。

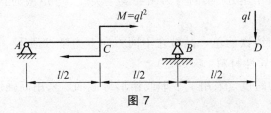

图 7

3. 悬臂梁受力如图 8 所示，试画出此时的剪力图和弯矩图，并求出 $|F_s|_{max}$ 和 $|M|_{max}$。

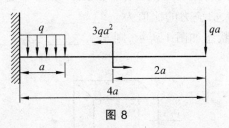

图 8

4. 某桁架结构受力如图 9 所示，已知各杆等长 $l = 1\text{ m}$，各杆直径 $d = 30\text{ mm}$，弹性模量 $E = 200\text{ GPa}$，许用应力 $[\sigma] = 200\text{ MPa}$，比例极限 $\sigma_p = 200\text{ MPa}$，稳定安全系数 $n_{st} = 2$。求该结构的许可载荷 F。

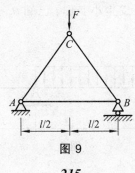

图 9

工程力学自测题 5

一、判断题

1. 某平面力系由一平面平行力系（平面平行力系简化为一力偶）与一平面汇交力系组成（汇交点位 A），若汇交力系的合力不为零，则此力系最终的简化结果一定是一个力。（　　）

2. 剪切实用计算中，如果两个相互挤压构件的材料不同，应对材料挤压强度较大的构件进行计算。（　　）

3. 在集中力作用处，梁的剪力图要发生突变，弯矩图的斜率要发生改变。（　　）

4. 低碳钢和铸铁的单一晶粒在不同方向上力学性质不一样，因此在材料力学中当做各向异性材料。（　　）

5. 减小梁的跨度、采用工字形或箱形等截面、采用高强度的钢可以显著提高梁的刚度。（　　）

二、填空题

1. 直径为 d、跨长为 l 的圆形截面简支梁，在跨中受集中载荷 F 的作用，则最大正应力与最大剪应力的比值为_____。

2. 某点的应力状态如图 1 所示，则 $\sigma_1 = $ _____，$\sigma_2 = $ _____，$\sigma_3 = $ _____，$\tau_{max} = $ _____。

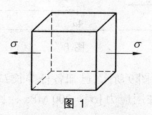

图 1

3. 如图 2 所示外伸梁，发生小变形，已知 $\theta_B = \dfrac{ql^3}{24EI}$，则 $\theta_C = $ _____，$w_C = $ _____。

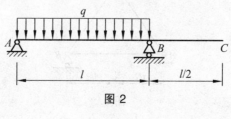

图 2

4. 图 3 所示材料和长度相同而横截面面积不同的两杆, 设材料的密度为 γ, 则在杆件自重的作用下, 两杆在 x 截面处的应力分别为 $\sigma_a =$ _____, $\sigma_b =$ _____。

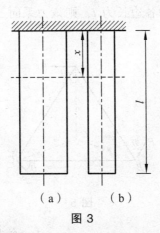

（a）　　　（b）

图 3

5. 实心圆截面轴直径增大 1 倍（其他条件不变）, 则其最大切应力将变为原来的_____倍, 相对扭转角将变为原来的_____倍。

三、选择题

1. 已知力 F 及长方体的边长 a、b、c, 如图 4 所示, AB 轴与长方体顶面的夹角为 φ, 且由 A 指向 B, 则力 F 对 AB 轴的矩为（　　　）。

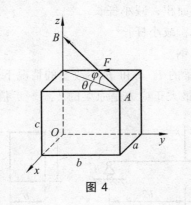

图 4

A. $Fb\cos\varphi$　　　　　　　　　　B. $Fa\cos\varphi$

C. $Fb\sin\varphi$　　　　　　　　　　D. $Fa\sin\varphi$

2. 某空间力系各力的作用线分别汇交于两点, 则该空间力系最多能建立的独立平衡方程的个数为（　　　）。

A. 3   B. 4
C. 5   D. 6

3. 如图 5 所示，已知作用在等边三角形 *ABC* 定点的三个力，其大小均为 *F*，$\theta = 60°$，三角形的各边长为 *l*，则该力系向三角形中心 *O* 点的简化结果为（   ）。

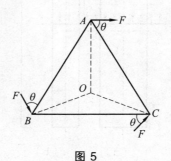

图 5

A. 平衡   B. 合力
C. 力偶   D. 力螺旋

4. 提高钢制细长压杆承载能力有如下方法，试判断哪一种是正确的（   ）。

    A. 减小杆长，减小长度系数，使压杆沿横截面两形心主轴方向的长细比相等

    B. 增加横截面面积，减小杆长

    C. 增加惯性矩，减小杆长

    D. 采用高强度钢

5. 图 6 所示简支梁的 *l*、*b* 和 *F* 不改变的情况下，将梁的横截面高度 *h* 减小为 *h/2*，则梁中的最大正应力是原梁的（   ）倍。

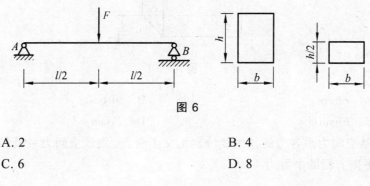

图 6

A. 2   B. 4
C. 6   D. 8

四、计算题

1. 一悬臂梁受力如图 7 所示，已知 $q = 15$ kN/m，$l = 4$ m，$F = ql$。要求梁的最大挠度不超过 $l/360$。材料的弹性模量 $E = 6.9$ GPa。试求梁横截面惯性矩 I_z 的许可值。

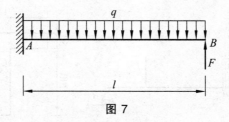

图 7

2. 如图 8 所示，一等直圆杆承受图示外力偶矩作用，已知 $d = 40$ mm，$a = 400$ mm，$G = 80$ GPa，$\varphi_{CA} = 1°$。试求该杆件的最大切应力、截面 D 相对于截面 A 的扭转角。

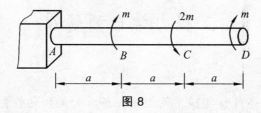

图 8

3. 构件中危险点的应力状态如图 9 所示。试选择合适的准则对以下两种情况作强度校核：

（1）构件为钢制，$\sigma_x = 40$ MPa，$\sigma_y = 100$ MPa，$\sigma_z = 0$，$\tau_{xy} = 10$ MPa，许用应力 $[\sigma] = 150$ MPa。

（2）构件材料为铸铁，$\sigma_x = 20$ MPa，$\sigma_y = -25$ MPa，$\sigma_z = 30$ MPa，$\tau_{xy} = 10$ MPa，许用拉应力 $[\sigma] = 30$ MPa。

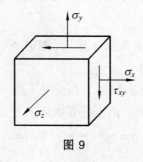

图 9

4. T 形截面铸铁梁，尺寸（单位：mm）及载荷如图 10 所示，已知 $F =$ 20 kN，$q = 10$ kN/m，$a = 1$ m。若材料的拉伸许用应力$[\sigma_t] = 40$ MPa，压缩许用应力 $[\sigma_c] = 160$ MPa，截面对形心轴 z_c 的惯性矩 $I_{zc} = 10\ 180$ cm^4，$h_1 =$ 9.64 cm，试校核梁的强度。

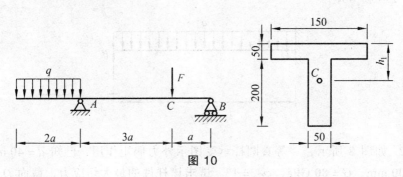

图 10

工程力学自测题 6

一、判断题

1. 二力平衡条件、加减平衡力系原理、力的可传性都只适用于刚体。
（　　）

2. 作用在刚体上的三个力相互平衡时，这三个力的作用线一定在同一平面内。（　　）

3. 光滑圆柱形铰链约束的约束力一定用两个相互垂直的分力表示。
（　　）

4. 若物体产生位移，则必定同时产生变形。（　　）

5. 材料力学中的剪力、弯矩符号规定与坐标系的选择有关。（　　）

二、填空题

1. 作用在刚架上的力 F 如图 1 所示，则力 F 对固定端 A 的力矩 $M_A(F)$ 为_____。

2. 图 2 所示长方体上沿三个不相交又不平行的棱作用有三个力 F_1、F_2、F_3，长方体的三条棱长分别是 a、b、c，则当 $a = b = c \neq 0$，且 $F_1 =$

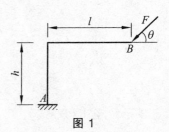

图 1

$F_2 = F_3 \neq 0$ 时，该力系简化的最终结果为_____。

3. 已知物块重 $P = 100$ kN，$F = 100$ kN，摩擦因数 $f_s = 0.2$，则图 3 所示物块将_____。

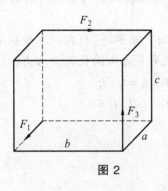

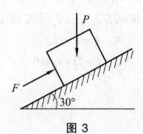

图 2   图 3

4. 承受相同扭矩且长度相等的直径为 d_1 的实心圆轴与内、外径分别为 d_2、$D_2(\alpha = d_2 / D_2)$ 的空心圆轴，二者横截面上的最大切应力相等。二者重量之比为_____。

5. 某杆件所受外力如图 4 所示，AC、CD 和 DE 段的轴力分别为 $F_{AC} =$
_____，$F_{CD} =$ _____，$F_{DE} =$ _____。

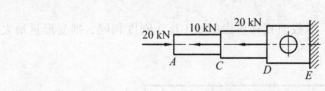

图 4

三、选择题

1. 工程构件强度失效是指（　　　）。

   A. 构件在外力作用下发生不可恢复的塑性变形或发生断裂

   B. 构件在外力作用下产生过量的弹性变形

   C. 构件在某种外力（例如轴向压力）作用下，其平衡形式发生突然转变

   D. 以上说法均不正确

2. 关于摩擦力的大小的说法，以下正确的是（　　　）。

    A. 任何情况下，摩擦力的大小总是等于摩擦因数与正压力的乘积

    B. 任何情况下，摩擦力的大小总是大于摩擦因数与正压力的乘积

    C. 任何情况下，摩擦力的大小总是小于摩擦因数与正压力的乘积

    D. 以上说法均不正确

3. 图 5 中所示三个大小均为 F 的力分别与三轴平行，且在三个坐标平面内。试问 l_1、l_2、l_3 需要满足条件（　　　），此力系才可简化为一合力。

    A. $l_1 = l_2 = l_3$ B. $l_1 = l_2 + l_3$

    C. $l_1 + l_2 + l_3 = 0$ D. $l_1 \cdot l_2 \cdot l_3 = 0$

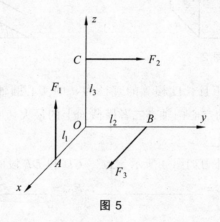

图 5

4. 已知如图 6 所示等截面直杆各段的拉（压）刚度相同，则变形量最大的是（　　　）。

图 6

    A. AB 段和 BC 段   B. BC 段和 CD 段

    C. AB 段和 CD 段   D. 三段变形量相等

5. T 字形截面悬臂梁，受力如图 7 所示，其中 **F** 作用线沿铅垂方向。若保证各种情况下都无扭转发生，即只产生弯曲，则四种放置方式中使梁具有最高强度的是哪一种：（　　　）。

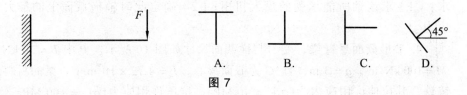

A.　　　B.　　　C.　　　D.

图 7

四、计算题

1. 某结构如图 8 所示，其上均布载荷 $q = 1\,\text{kN/m}$，求支座 A 和 B 的反力及 1、2、3 各杆的内力。

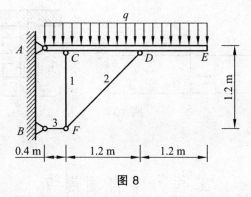

图 8

2. 平面桁架的支座和载荷如图 9 所示，$\triangle ABC$ 为等边三角形，E、F 为两腰的中点，又 $AD = DB$，求 CD 杆的内力。

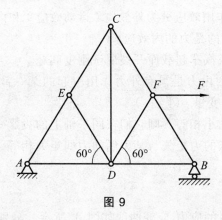

图 9

3. 钢制空心圆轴的外直径 $D = 100\,\text{mm}$，内直径 $d = 50\,\text{mm}$。若要求轴在长度 1 m 内的最大扭转角不超过 2°，材料的剪切弹性模量 $G = 80\,\text{GPa}$。

求:(1)求该轴所能承受的最大扭矩;(2)确定此时轴横截面上的最大切应力。

4. T形截面悬臂梁,受力与横截面尺寸如图 10 所示。其中 $F = 20\ kN$,$M = 100\ kN\cdot m$,$a = 3\ m$,且 C 为截面形心,$I_z = 4.72 \times 10^7 mm^4$。梁的材料为铸铁,其拉伸许用应力为 $[\sigma]^+ = 40\ MPa$,抗压许用应力 $[\sigma]^- = 100\ MPa$。试校核该梁是否安全。

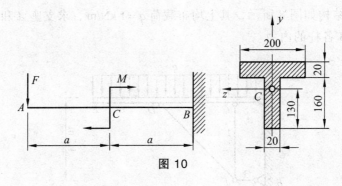

图 10

工程力学自测题 7

一、判断题

1. 力对物体的作用效应分为外效应(运动效应)和内效应(变形效应),材料力学中主要研究的是力的内效应。(　　　)

2. 桥梁路面由于汽车超载而开裂属于刚度问题。(　　　)

3. 材料力学中的内力是只有外力作用引起的某一截面两侧各质点间相互作用力的合力的改变量。(　　　)

4. 若两个力的大小相等,则它们在同一轴上的投影一定相等。(　　　)

5. 一个力对某点的力矩矢与某力偶的力偶矩矢相等,则这个力与这个力偶等效。(　　　)

二、填空题

1. 现有三种材料的应力-应变曲线如图 1 所示。分别由此三种材料制成同一构件,其中:① 强度最高的是_____;② 刚度最大的是_____;③ 塑性最好的是_____。

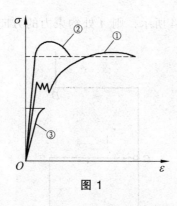

图 1

2. 实际杆件的受力与变形可以是各式各样的, 但都可以归纳为_____、_____、_____和_____等基本形式。

3. 如图 2 所示, 图 2 (a) 简支梁在跨中承受集中载荷 F, 梁内产生的最大弯矩为 M_A, 图 2 (b) 简支梁通过辅梁使集中载荷 F 作用在梁上, 梁内产生的最大弯矩为 M_B, 则 $M_A : M_B = $_____。

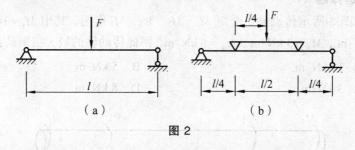

(a)   (b)

图 2

4. 如图 3 所示桁架结构, 不经计算, 可以直接判定零杆的根数为_____。

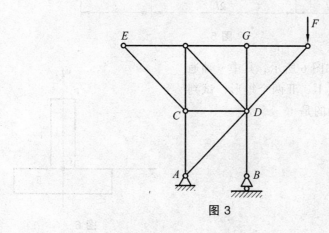

图 3

5. 某刚架受力如图 4 所示，则 A 处约束力的方向为 _____。

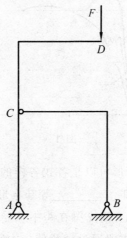

图 4

三、选择题

1. 如图 5 所示传动轴，受矩 M_1、M_2、M_3、M_4 作用，其中 $M_1 = 16\,\text{kN·m}$，$M_2 = 5\,\text{kN·m}$，$M_3 = 3\,\text{kN·m}$，$M_4 = 8\,\text{kN·m}$，则此传动轴的最大扭矩是：（   ）。

A. $11\,\text{kN·m}$ B. $5\,\text{kN·m}$

C. $3\,\text{kN·m}$ D. $8\,\text{kN·m}$

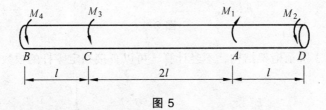

图 5

2. T 字形截面如图 6 所示，其中 y 轴通过形心 C，图形分成 Ⅰ、Ⅱ 两个矩形，试判断下列关系式中正确的是（   ）。

A. $S_y^{\text{I}} > S_y^{\text{II}}$

B. $S_y^{\text{I}} < S_y^{\text{II}}$

C. $S_y^{\text{I}} = S_y^{\text{II}}$

D. $S_y^{\text{I}} = -S_y^{\text{II}}$

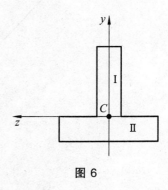

图 6

3. 关于材料力学性质的综述，以下说法正确的是（　　　　）。

　　A. 低碳钢是一种典型的脆性材料

　　B. 低碳钢是一种典型的塑性材料

　　C. 铸铁是一种典型的塑性材料

　　D. 以上说法都不正确

4. 如图 7 所示，一个刚体受两个作用在同一直线上、指向相反的力 F_1 和 F_2，大小关系为 $F_1 = 2F_2$，则该两力的合力矢 F_R 可以表示为（　　　　）。

　　A. $F_R = F_1 - F_2$　　　　　　　　B. $F_R = F_2 - F_1$

　　C. $F_R = F_1 + F_2$　　　　　　　　D. $F_R = F_2$

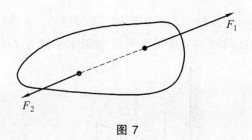

图 7

5. 力系简化的理论依据是（　　　　）。

　　A. 二力平衡公理　　　　　　　　B. 力的平行四边形法则

　　C. 力的三角形法则　　　　　　　D. 力的平移定理

四、计算题

1. 某结构受力如图 8 所示，杆 AC 和杆 BC 都是直径为 $d = 100$ mm 的圆截面杆，材料相同，$[\sigma] = 60$ MPa。求：（1）杆 AC 和杆 BC 的受力分别是多少？（2）该结构的许可载荷 $[F]$。

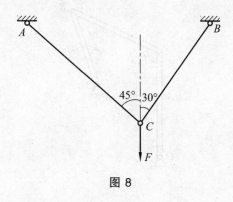

图 8

2. 画出图 9 所示梁的剪力和弯矩图，并求出 $|M|_{max}$ 和 $|F_s|_{max}$，其中 q 为均布载荷，ql 为集中力，ql^2 为集中力偶。

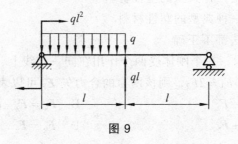

图 9

3. 如图 10 所示各接触面之间的摩擦系数为 0.3，B 楔块的重量不计，求欲使重 $P = 1\,000$ kN 的物块 A 开始上升时所需水平推力 F 的最小值。

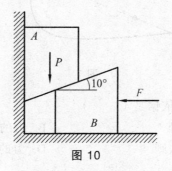

图 10

4. 某机构各杆的重量及各处的摩擦均不计，在图 11 所示位置处于平衡状态，已知 $OA = 0.5$ m，$O_1B = 0.3$ m，作用在 OA 上的力偶矩 M_1 大小为 1 kN·m。试求力偶矩 M_2 的大小和杆 AB 所受的力。

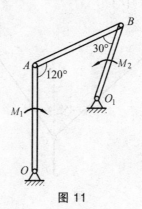

图 11

工程力学自测题8

一、判断题

1. 力的平行四边形法则、作用与反作用定律对刚体和变形体均适用。（　　）

2. 约束力的方向总是与被约束物体的运动方向一致。（　　）

3. 作用在刚体上仅有两个力，且有 $F_A + F_B = 0$，则此刚体一定平衡。（　　）

4. 两杆长度和横截面面积均相同，其中一根为钢杆，另一根为铝杆，受相同的拉力作用，则钢杆的应力和变形都小于铝杆。（　　）

5. 对于只具有一根对称轴的截面，对称轴以及与其垂直的轴都是主轴，但只有通过形心者，才是形心主轴。（　　）

二、填空题

1. 如图1所示结构的 A 端约束反力为＿＿＿＿＿＿＿＿＿＿＿＿＿＿。（请写出约束反力的大小，并在图上画出受力方向）。

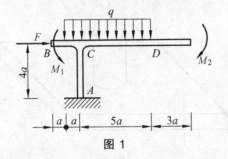

图1

2. 如图2所示，作用在直角弯杆 B 端的力偶（F, F'）的力偶矩为 M，则该力偶对 A 点的矩为＿＿＿＿＿＿＿＿。

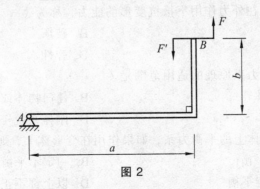

图2

3. 作用在刚体上的力可以向任意点平移，平移后应为一力与一力偶，这一力的大小和作用线方向不变，这一力偶的力偶矩等于平移前的力对平移点之矩，这一结论称为_____。该定理是力系简化的基础。

4. 写出图 3 所示简支梁确定挠曲线积分常数的边界条件和连续性条件分别是：边界条件_____，连续性条件_____。

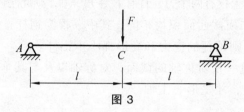

图 3

5. 图 4 所示厚度为 a 的基础上有一直径为 d 的圆柱，圆柱受轴向压力 F 作用，则基础的挤压面积为_____，剪切面积为_____。

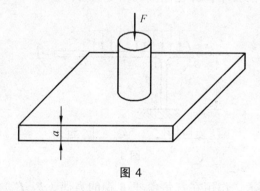

图 4

三、选择题

1. 固体材料在外力作用下抵抗变形的能力，称为（　　　）。

    A. 强度　　　　　　　　　　　B. 破坏

    C. 刚度　　　　　　　　　　　D. 弹性

2. 加减平衡力系原理的适用范围是（　　　）。

    A. 变形体　　　　　　　　　　B. 任何物体或物体系统

    C. 刚体　　　　　　　　　　　D. 刚体系统

3. 作用于刚体上的平衡力系，如果作用在变形体上，则变形体（　　　）。

    A. 一定平衡　　　　　　　　　B. 一定不平衡

    C. 不一定平衡　　　　　　　　D. 以上都不正确

4. 如图 5 所示，单元体的应力状态已知，则用第四强度理论校核该点强度时，其相当应力 σ_{r4} 等于（　　）。

A. $\sqrt{\sigma_x^2 + \tau_{xy}^2}$

B. $\sqrt{\sigma_x^2 + 2\tau_{xy}^2}$

C. $\sqrt{\sigma_x^2 + 3\tau_{xy}^2}$

D. $\sqrt{\sigma_x^2 + 4\tau_{xy}^2}$

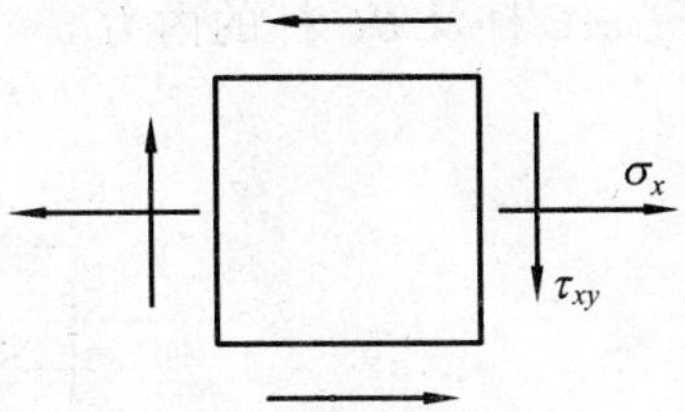

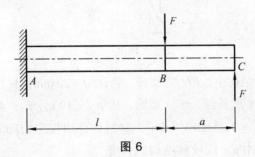

图 5

5. 悬臂梁的受力如图 6 所示，则其变形情况是（　　）。

图 6

A. 全梁为横力弯曲

B. 全梁为纯弯曲

C. AB 段为横力弯曲，而 BC 段为纯弯曲

D. AB 段为纯弯曲，而 BC 段为横力弯曲

四、计算题

1. 如图 7 所示，已知某水坝受力情况如下：$P = 600$ kN，$F_1 = 300$ kN，$F_2 = 700$ kN。求力系的合力与 OA 边的交点到点 O 的距离 x。

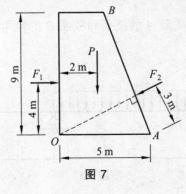

图 7

2. 某起重机的桁架如图 8 所示，其中 $F_1 = 2$ kN，$F_2 = 1$ kN，试求解 EC 杆、AC 杆及 BC 杆的内力。

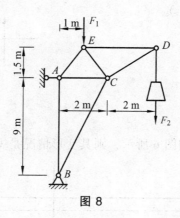

图 8

3. 图 9 所示结构中，FD 为圆杆，直径 $d = 20$ mm，材料的许用应力$[\sigma] = 70$ MPa，AE 梁为 T 形截面，尺寸如图，其中 $l = 10$ m，$F_1 = 4$ kN，$F_2 = 10$ kN，C 为截面形心，$I_z = 2.04 \times 10^{-8}$ mm^4，材料的许用拉应力$[\sigma_l] = 40$ MPa，许用压应力$[\sigma_c] = 110$ MPa。试校核结构的强度。

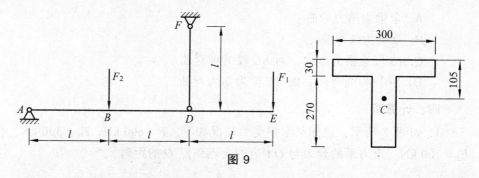

图 9

4. 求图 10 所示梁截面 A 的挠度和截面 B 的转角，图中 q、l、a、EI 均为已知。

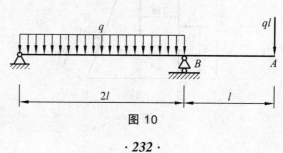

图 10

工程力学自测题 9

一、判断题

1. 利用积分法计算梁的位移时，积分常数反映了对近似微分方程误差的修正。（　　）

2. 梁挠曲线的大致形状决定于支承情况与弯矩的正负。（　　）

3. 矩形截面梁斜弯曲时，当外力平面与矩形对角线和梁轴线所组成的平面重合时，则中性轴与另一对角线重合。（　　）

4. 某一桁架在外力 F 作用下有某些杆件为零杆，若仅改变力 F 的作用点，则零杆可能发生改变（即某些零杆可能变成非零杆，而某些非零杆可能变成零杆）。（　　）

5. 对空间力系问题，任意两个力不一定能合成为一个力或一个力偶。（　　）

二、填空题

1. 阶梯形圆轴的尺寸及其受力如图 1 所示，其 AB 段的最大切应力 $\tau_{1\max}$ 与 BC 段的最大剪应力 $\tau_{2\max}$ 之比为_____。

2. 图 2 所示平面图形对 y、z 的惯性矩 $I_y =$ _____。

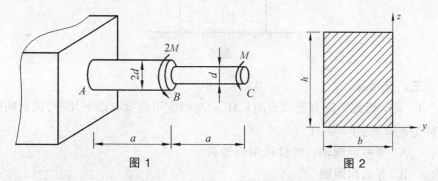

图 1　　　　　　　　　　　图 2

3. 图 3 所示悬臂梁的 EI 已知，如在梁上作用一分布力系，则固定端截面 A 处中性层的曲率半径的大小 $\rho =$ _____。

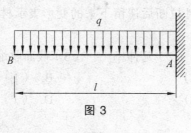

图 3

4. 某力系如图 4 所示，其独立的平衡方程的形式为_____。

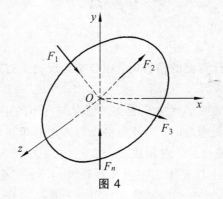

图 4

5. 已知如图 5 所示力 $P = 40$ kN，$F = 10$ kN，物体与地面之间的摩擦系数为 $f = 0.5$，则物体所受的摩擦力的大小为_____。

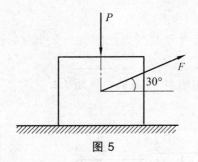

图 5

三、选择题

1. 关于扭转切应力公式 $\tau(\rho) = M_x \rho / I_p$ 的应用范围有以下几种，试判断哪一种是正确的：（　　　）。

A. 等截面圆轴，弹性范围内加载

B. 等截面圆轴

C. 等截面圆轴与椭圆轴

D. 等截面圆轴与椭圆轴弹性范围内加载

2. 工程上常用试件拉断后遗留下来的变形表示材料的塑性性能，常用的塑性指标有（　　　）。

（1）屈服极限　　　（2）延伸率　　　（3）截面收缩率　　　（4）强度极限

A.（1）和（2）　　　　　　　　B.（1）和（3）

C.（2）和（3）　　　　　　　　D.（1）和（4）

3. 若实心圆轴的扭矩保持不变，而直径增大 1 倍，则最大扭转切应力将变为原来的（　　）。

A. $\dfrac{1}{2}$　　　　B. $\dfrac{1}{4}$　　　　C. $\dfrac{1}{8}$　　　　D. $\dfrac{1}{16}$

4. 如图 6 所示立柱 CD 在顶端系着绳子 AC 和 BC，并且作用一与立柱垂直且平行于 xy 平面的力 F，当两绳的拉力与力 F 的值相等时，F 与 y 轴之间的夹角为（　　）。

A. $\cos\alpha = \dfrac{1}{2} + \dfrac{\sqrt{3}}{4}$　　　　　　B. $\cos\alpha = \dfrac{1}{2} - \dfrac{\sqrt{3}}{4}$

C. $\sin\alpha = \dfrac{1}{2} + \dfrac{\sqrt{3}}{4}$　　　　　　D. $\sin\alpha = \dfrac{1}{2} - \dfrac{\sqrt{3}}{4}$

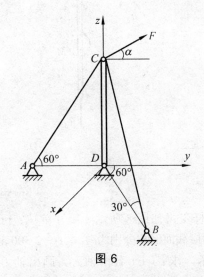

图 6

5. 如图 7 所示结构，所画受力图正确的是（　　）。

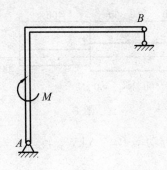

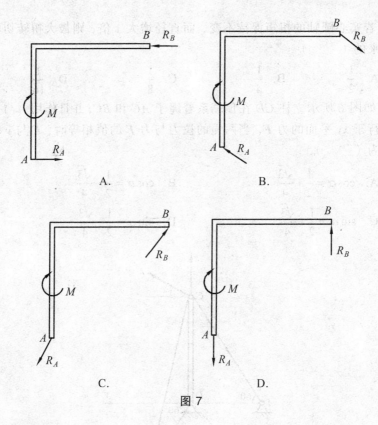

A.　　　　　　　　　　　　B.

C.　　　　　　　　　　　　D.

图 7

四、计算题

1. 已知阶梯形直杆受力如图 8 所示（尺寸单位：mm），材料的弹性模量 $E = 200\,\text{GPa}$，杆各段的横截面面积分别为 $A_1 = A_2 = 2\,500\,\text{mm}^2$，$A_3 = 1\,000\,\text{mm}^2$，各杆段的长度如图所示。求：（1）各段轴力，画出轴力图；（2）杆的最大工作应力；（3）直杆的总变形量。

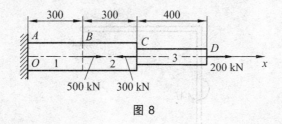

图 8

2. 一根圆轴所传递的功率 $P = 7.5\,\text{kW}$，转速 $n = 100\,\text{r/min}$，$[\tau] = 40\,\text{MPa}$，试设计轴的直径。

3. 如图 9 所示，杆 AB 和 BC 在 B 点用铰链联结而成，并以铰链支座 A 及杆 EF 和 CG 支持。已知：∠CEF = 45°，力 F = 100 kN 作用于 AB 的中点 D 处，梁的重量不计。求支座 A 的反力及杆 EF 和 CG 的内力。

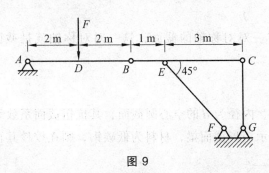

图 9

4. 某机构如图 10 所示，已知：$AB = l$，力偶矩 M，角度 θ、β，滑块 B 与水平面间的静滑动摩擦因数 f_s，且 $\tan\beta > f_s$，不计各构件自重。求机构在图示位置平衡时的力 F 的大小。

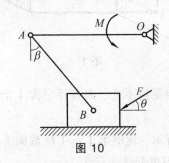

图 10

工程力学自测题 10

一、判断题

1. 对于一般应力状态的微元，其上某一方向的正应变不仅与这一方向上的正应力有关，而且还与单元体的另外两个垂直方向上的正应力有关。（　　）

2. 扭转切应力和弯曲切应力都是切应力，因此二者是完全一样的。（　　）

3. 用微元表示一点处的应力状态，微元形状不是任意的，只能是六面体微元。（　　　）

4. 应用叠加法原理求梁指定截面的角位移和线位移时，必须满足的条件是纯弯曲梁。（　　　）

5. 对于具有一对对称轴的截面，这一对对称轴就是截面的形心主轴。（　　　）

二、填空题

1. 外径为 D、内径为 d 的空心圆截面，其抗扭截面系数等于_____。

2. 如图 1 所示矩形截面梁，材料为低碳钢，则在校核其正应力强度时，危险点为_____。

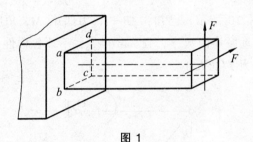

图 1

3. 若实心圆轴的弯矩保持不变，而直径增大 1 倍，则最大弯曲正应力将变为原来的_____倍。

4. 圆轴受力如图 2 所示。现取出 Ⅰ—Ⅰ 横截面上点 a 的单元体，其应力状态图为_____。（用单元体表示）

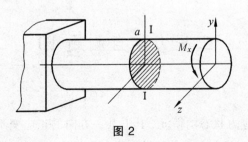

图 2

5. 折杆 ABC 如图 3 所示（在 x-z 平面内），于 C 处 y 方向作用有载荷 F，则 Ⅰ—Ⅰ 截面上内力分量为：_____。

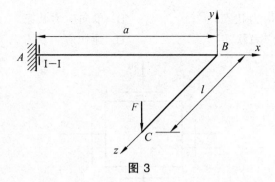

图 3

三、选择题

1. 已知图 4 所示矩形截面的 I_{z1} 及 b、h，欲求 I_{z2}，结果有 4 种答案，试判断哪种是正确的：（　　　）。

A. $I_{z2} = I_{z1} + bh^3/4$　　　　　　B. $I_{z2} = I_{z1} - 3bh^3/16$

C. $I_{z2} = I_{z1} + bh^3/16$　　　　　　D. $I_{z2} = I_{z1} - bh^3/16$

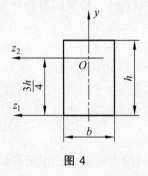

图 4

2. 关于斜弯曲的主要特征，（　　　）是正确的。

A. $M_y \neq 0, M_z \neq 0, F_{Nx} \neq 0$，中性轴与截面形心主轴不一致，且不过截面形心

B. $M_y \neq 0, M_z \neq 0, F_{Nx} = 0$，中性轴与截面形心主轴不一致，但通过截面形心

C. $M_y \neq 0, M_z \neq 0, F_{Nx} = 0$，中性轴与截面形心主轴平行，但不过截面形心

D. $M_y \neq 0$ 或 $M_z \neq 0$，$F_{Nx} \neq 0$，中性轴与截面形心主轴平行，但不过截面形心

3. 对于图 5 所示的应力状态，正确论述的是：（　　　）。

A. 二向应力状态　　　　　　　B. 单向应力状态

C. 三向应力状态　　　　　　　D. 纯切应力状态

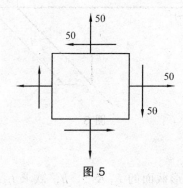

图 5

4. 结构对称、载荷对称的梁，具有（　　）。

A. 对称的 F_s 图和 M 图　　　　B. 反对称的 F_s 图和 M 图

C. 反对称的 F_s 图和 M 图　　　D. 对称的 M 图和反对称的 F_s 图

5. 对于抗拉强度明显低于抗压强度的材料所做成的受弯构件，其合理的截面形式应使（　　）。

A. 中性轴偏于截面受拉一侧

B. 中性轴与受拉及受压边缘等距离

C. 中性轴偏于截面受压一侧

D. 中性轴平分横截面面积

四、计算题

1. 组合托架组成构件如图 6 所示，三根链杆自重不计，已知 $F = 1\,\text{kN}$，$M = 600\,\text{N} \cdot \text{m}$。试求 A 处约束力。

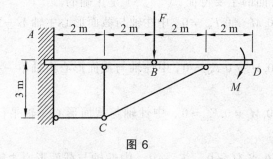

图 6

2. 圆形截面的悬臂梁受载荷如图 7 所示，圆形截面的直径 $D = 50\,\text{mm}$，试确定危险点的位置，并计算最大正应力。

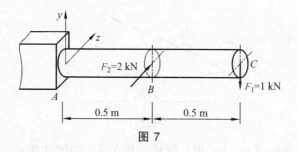

图 7

3. 如图 8 所示，已知一实心圆轴的直径为 d，两端作用扭矩 M_e，材料的弹性模量是 E，泊松系数为 μ，求该轴表面上 A 点与轴线成 $-45°$ 方向上的线应变 ε。

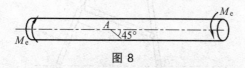

图 8

4. 如图 9 所示，钢制圆轴，直径 $d = 100$ mm，$F = 4$ kN，$M_e = 1.5$ kN·m，$a = 1\,000$ mm，$[\sigma] = 80$ MPa，按第三强度理论校核圆轴的强度。

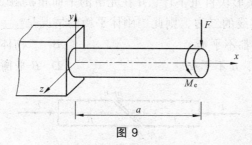

图 9

工程力学模拟试题 1

一、概念题

1. 平面任意力系向 O 点简化，得到 $F_R' = 10$ N，$M_O = 10$ N·cm，方向如图 1 所示。若将该力系向 A 点简化，则得到（　　　）。

A. $F_R' = 10$ N，$M_A = 0$
B. $F_R' = 10$ N，$M_A = 10$ N·cm
C. $F_R' = 10$ N，$M_A = 20$ N·cm
D. $F_R' = 0$，$M_A = 0$

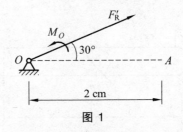

图 1

2. 杆 AF、BE、CD、EF 相互铰接，并支承，如图 2 所示。今在 AF 杆上作用一力偶（**F**，**F'**），若不计各杆自重，则 A 支座处反力的作用线_____。

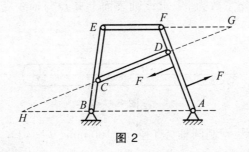

图 2

3. 图 3 所示楔形块自重不计，并在光滑的平面相接触。若其上分别作用有等值、反向、共线的二力，则此二刚体平衡的情况是_____。

A. 二物体都不平衡   B. 二物体都平衡

C. A 平衡，B 不平衡   D. B 平衡，A 不平衡

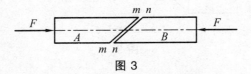

图 3

4. 如果一个空间力系中各力作用线分别交于两个固定点，则当力系平衡时，可列出独立平衡方程的个数是（   ）。

A. 6 个   B. 5 个

C. 4 个   D. 3 个

5. 关于应力，下列说法正确的是（   ）。

A. 应力是内力的集度

B. 应力是内力的平均值

C. 杆件横截面上的正应力比斜截面上的正应力要大

D. 轴向拉伸杆在任何横截面上的正应力都是均匀分布的

6. 图 4 所示受扭圆轴的扭矩符号为（　　　）。

A. AB 为正，BC 为负

B. AB 为负，BC 为正

C. AB、BC 均为正

D. AB、BC 均为负

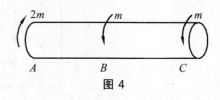

图 4

7. 对于超静定问题，（　　　）。

A. 当超静定次数大得多时，有时找不出相应个数的补充方程，故不能求解

B. 补充方程的建立，要用到平衡条件

C. 补充方程的建立，要综合运用平衡条件和变形协调条件

D. 总是可以求解的

8. 关于四种强度理论，下面说法正确的是（　　　）。

A. 第一强度理论的强度条件 $\sigma_1 \leqslant [\sigma]$，其形式过于简单，因此用此理论进行强度计算，其结果最不精确

B. 按第二强度的强度条件 $\sigma_1 - \mu(\sigma_2 + \sigma_3) \leqslant [\sigma]$ 可知，材料发生破坏原因是由于它在受拉的同时还受压

C. 第三强度理论的强度条件只适用于塑性材料，对于脆性材料不适用

D. 第四强度理论的强度条件，其形式最为复杂，因此用此理论进行强度计算，其结果最精确

9. 在平行移轴公式 $I_{z_1} = I_z + a^2 A$ 中，z 和 z_1 轴互相平行，则（　　　）。

A. z_1 轴通过形心　　　　　　　　B. z 轴通过形心

C. z_1 轴和 z 轴不一定要通过形心

D. a 是 z_1 轴与 z 轴之间的距离，所以 $a > 0$

10. 梁在斜弯曲时，其截面的中性轴（　　　）。

A. 不通过截面的形心　　　　　　　B. 通过截面的形心

C. 与横向力的作用线垂直

D. 与横向力的作用线方向一致

二、计算题

1. 已知力 F，求图 5 所示桁架中杆 1、2、3 和 4 的内力。

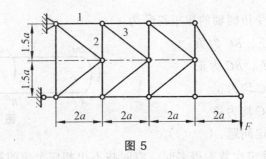

图 5

2. 图 6 所示受扭圆杆中，$d = 80\,\text{mm}$，材料的切变模量 $G = 8 \times 10^4\,\text{MPa}$，试分别求出 B、C 二截面的相对扭转角和 D 截面的扭转角。

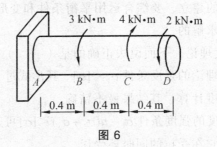

图 6

3. 如图 7 所示，下列杆的抗拉刚度 EA 和轴向外力 F 均为已知，试求该轴的总伸长。

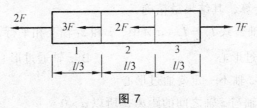

图 7

4. 静定梁的载荷及尺寸如图 8 所示。求支座 A、C 处的反力和中间铰 B 处的作用力。

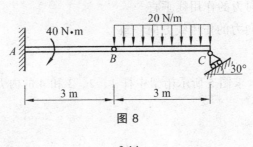

图 8

5. 如图 9 所示结构中，3 个杆的抗压刚度相同，杆 2 与水平刚性杆之间存在微小空隙 δ，F 作用下杆 1 和杆 3 变形后杆 2 也受力。试列出解此超静定问题的平衡方程与补充方程。

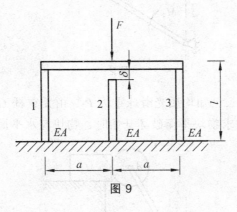

图 9

工程力学模拟试题 2

一、概念题

1. 已知图 1 所示正方形板上作用有三力，边长为 $a = 1\,\text{m}$，三力的大小分别为 $F_1 = 10\,\text{N}$，$F_2 = 2\,\text{N}$，$F_3 = 4\,\text{N}$，则该力系向 O 点的简化结果为 _____，向 A 点的简化结果为 _____。

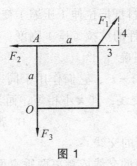

图 1

2. 如图 2 所示平面机构，AB 杆有一导槽，该导槽套在 CD 杆的销钉 E 上，在 AB 与 CD 杆上各有一力偶作用。已知 $CE = 2\,\text{m}$，$M_2 = 100\,\text{N·m}$，忽略杆重及摩擦，则机构平衡时 M_1 的大小为 _____。

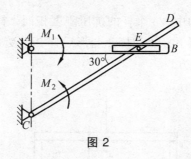

图 2

3. 如图 3 所示，已知均质光滑球重为 P_2，由无重杆 OA 支撑，靠在重为 P_1 的物块 M 上。试求物块平衡破坏开始时，物块与水平面间的静摩擦因数。

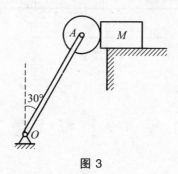

图 3

4. 从拉压杆轴向伸长（缩短）量计算公式 $\Delta l = \dfrac{F_N l}{EA}$ 可以看出，E 或 A 值越大，Δl 值就越小，故（　　　）。

 A. E 称为杆件的抗拉（压）刚度

 B. 乘积 EA 表示材料抵抗拉伸（压缩）变形的能力

 C. 乘积 EA 称为杆件的抗拉（压）刚度

 D. 以上说法都不正确

5. 切应力互等定理中 $\tau = \tau'$，它们作用于同一点，分别位于两个互相垂直的面上且垂直于两面的交线，其大小相等，而其方向（　　　）。

 A. 相同或相反   B. 都指向两垂直面的交线

 C. 都背离两垂直面的交线

 D. 都指向两垂直面的交线或背离两垂直面的交线

6. 在集中力偶作用处（　　　）。

 A. 剪力图发生突变   B. 剪力图发生转折

 C. 弯矩图发生转折   D. 剪力图无变化

7. 影响梁弯曲程度越大的原因是（　　　）。

    A. 抗弯刚度越大　　　　　　　　B. 横截面上的弯矩越小

    C. 抗弯刚度越小，横截面上的弯矩越大

    D. 抗弯刚度越大，横截面上的弯矩越小

8. 如图 4 所示的简支梁，其载荷和跨度一定，欲减小其挠度，最有效的措施是：（　　　）。

    A. 增大横截面，以增加惯性矩的值

    B. 在梁的中间增加支座

    C. 用弹性模量 E 较大的材料

    D. 不增加横截面面积，而是改用惯性矩值较大的工字形截面

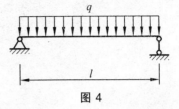

图 4

9. 梁纯弯曲时，横截面上最大正应力发生在距离_____最远的各点处。

10. 度量梁弯曲变形的两个基本量是挠度和_____。

二、计算题

1. 如图 5 所示，梯子的两部分 AB 和 AC 在 A 点光滑铰接，又在 D、E 两点用水平的绳索连接。梯子放在光滑的水平面上，其一边有铅垂力 F。不计梯子和绳索的重量，试求 C 点的支承反力。

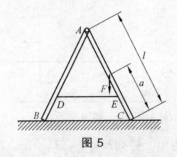

图 5

2. 如图 6 所示，刚性横梁 AB 由两个吊环吊成水平位置，二杆的抗拉刚度相同，问竖向力 F 加在何处使横梁 AB 保持水平。

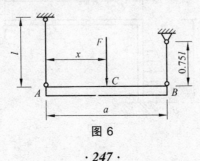

图 6

3. 画出图 7 所示杆的轴力图。

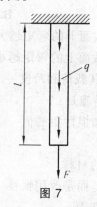

图 7

4. 如图 8 所示，受扭圆杆中 $d = 80$ mm。试绘扭矩图，并求圆杆中最大切应力。

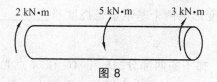

图 8

5. 试画出图 9 所示梁的剪力图和弯矩图。

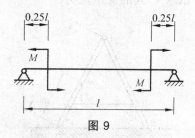

图 9

6. 如图 10 所示结构中，已知尺寸 l_1、l_2、l_3，力偶矩 M 及线分布力的最大值 q_m，求 A、B 处反力。

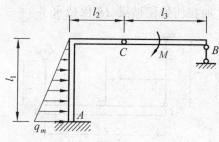

图 10

7. 图 11 所示矩形外伸梁，材料的 $[\sigma]=10$ MPa，试设计截面尺寸并计算最大切应力值（绘 F_s 及 M 图）。设 $h=2b$。

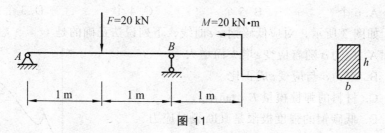

F=20 kN
M=20 kN·m
A
B
1 m   1 m   1 m
h
b

图 11

工程力学模拟试题 3

一、概念题

1. 如图 1 所示的力三角形中，表示 F_1 和 F_2 的合力是 F_R 的图形是（ ）。

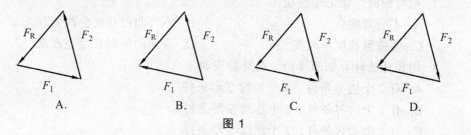

A.   B.   C.   D.

图 1

2. 力偶对刚体产生下列哪种运动效应：（ ）。
   A. 既能使刚体转动，又能使刚体移动
   B. 与力产生的效应，有时可以相同
   C. 只能使刚体移动　　　　　　　　D. 只能使刚体转动

3. 如图 2 所示，物块重 P，置于水平面上，静滑动摩擦系数为 f，在物块上施加一与水平倾角为 θ 的力 F，则物体能否平衡取决于（ ）。

   A. P、F 合力大小
   B. 全反力 F_R 的大小
   C. P、F 合力作用线的方位
   D. 不能判定

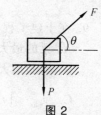

图 2

4. 一空间力系中各力的作用线分别汇交于两个固定点，则当力系平衡时，可列出独立平衡方程的个数是（　　）。

    A. 6个　　　　　　　B. 5个　　　　　　　C. 4个　　　　　　　D. 3个

5. 如图3所示，对应低碳钢σ-ε曲线，下列说法正确的是（　　）。

    A. 应力σ随着应变ε增大而增大

    B. 应力σ与应变ε成正比

    C. 材料的弹性模量$E = \tan\alpha$

    D. 低碳钢的强度极限是其断裂时应力

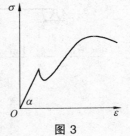

图3

6. 空心圆截面的外直径为D，内直径为d，而$\alpha = \dfrac{d}{D}$，设W_p是其抗扭截面模量，则（　　）。

    A. $W_p = \dfrac{\pi D^3}{16}(1-\alpha^4)$　　　　　　　　B. $W_p = \dfrac{\pi D^4}{16}(1-\alpha^4)$

    C. $W_p = \dfrac{\pi D^3}{16}(1-\alpha^3)$　　　　　　　　D. $W_p = \dfrac{\pi D^4}{16}(1-\alpha^3)$

7. 梁弯曲时，梁的中性层（　　）。

    A. 不会弯曲　　　　　　　　　　　　B. 不弯曲但长度会改变

    C. 弯曲但长度不改变　　　　　　　　D. 弯曲的同时长度也改变

8. 用积分法计算如图4所示的外伸梁时（　　）。

    A. 有2个边界条件，4个连续变形条件

    B. 有2个边界条件，2个连续变形条件

    C. 有2个边界条件，3个连续变形条件

    D. 有3个边界条件，3个连续变形条件

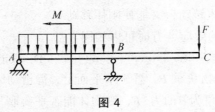

图4

9. 在土建工程中，梁的刚度条件是（　　）。

    A. 梁的最大扰度y_{max}不能超过允许挠度$[f]$，即是$y_{max} \leqslant [f]$

    B. 梁的最大转角θ_{max}不能超过允许转角$[\theta]$，即是$\theta_{max} \leqslant [\theta]$

    C. $y_{max} \leqslant [f]$，且$\theta_{max} \leqslant [\theta]$　　　　D. $\dfrac{y_{max}}{l} \leqslant \left[\dfrac{f}{l}\right]$

10. 设 φ 和 λ 分别是压杆的稳定系数和柔度系数，则（　　　）。

　　A. 当 $\varphi > 1$ 时，压杆肯定是稳定的，不必对其进行稳定计算

　　B. 对于同一种材料制成的压杆，φ 值较大则 λ 值就越小

　　C. φ 值越大，λ 值就越小，这与压杆所采用的材料无关

　　D. φ 值与压杆杆端的约束情况无关

二、计算题

1. 如图 5 所示结构中，主动力已知，求 A 端约束反力。

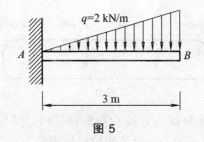

图 5

2. 求图 6 所示结构 B 点位移 δ_B。已知 $F = 20\,\text{kN}$，杆 CD 长 $l = 2\,\text{m}$，截面积 $A = 200\,\text{mm}^2$，弹性系数 $E = 200\,\text{GPa}$，AB 为刚性杆。

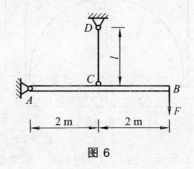

图 6

3. 画出图 7 所示杆的轴力图。

图 7

4. 画出图 8 所示梁的剪力图和弯矩图。

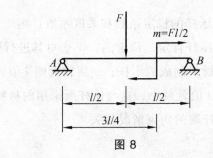

图 8

5. 实心圆轴受力如图 9 所示，已知直径 $d = 20$ mm 。试绘扭矩图，并求轴内最大应力之值。

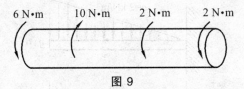

图 9

6. 三角拱的顶部受集度为 q 的均布载荷作用，结构尺寸如图 10 所示，不计各构件的自重。试求 A、B 两处的约束反力。

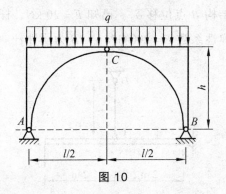

图 10

7. 钢杆受力如图 11 所示，直径 $d = 10$ mm ，承受扭矩 $M_n = \dfrac{1}{10}Fd$ ，若材料的容许应力 $[\sigma] = 160$ MPa ，试用第三强度理论求 F 的容许值。

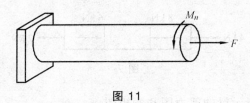

图 11

参考答案

第 1 章 　 静力学基础

一、是非题

1.1 　 × 　　　 1.2 　 × 　　　 1.3 　 × 　　　 1.4 　 ×

二、选择题

1.5 　 D 　　 1.6 　 C

三、问答题

1.7 　 有区别。二力平衡时，二力作用在同一个物体上；作用和反作用力则分别作用在两个物体上。

1.8 　 力 F 从 C 点滑移到 D 点，会改变销钉 A 和 D 杆的受力；力 F 从 C 点滑移到 E 点，不会改变销钉 A 和 D 杆的受力。

四、受力分析题

1.9 ~ 1.16（略）

第 2 章 　 平面力系

一、是非题

2.1 　 × 　　　 2.2 　 × 　　　 2.3 　 √ 　　　 2.4 　 ×

二、选择题

2.5 　 A 　　 2.6 　 A 　　 2.7 　 C 　　 2.8 　 B

三、问答题

2.9 （1）作用线在同一条直线上且作用于同一物体。

（2）作用线在同一条直线上且分别作用于两个物体。

（3）作用线相互平行且作用于同一物体。

2.10 （a）DE 杆、CF 杆为二力构件，AB 杆和 BC 杆可用三力汇交确定相关力的方向；（b）EF 杆和 DB 杆为二力构件，C 处反力方向可由 CD 杆三力汇交平衡确定，A 处反力可由整体力偶平衡确定。

2.11 一般情况下，主矢不是合力；但如果力系有合力，则合力的大小和方向与主矢的大小和方向相同。

2.12 A 处的约束力大小为 $\dfrac{\sqrt{2}M}{2l}$，作用线与水平面的夹角为 45°。合力作用线与 A、B 两点连线重合。

2.13 （1）不能。力偶只能与力偶平衡，图中力偶与力 F 和支座约束反力组成的力偶平衡。（2）轴 O 约束反力大小为 F（或 M/R），方向过轴 O，垂直向上。

四、计算题

2.14 $56° < \theta < 90°$

2.15 $y = \dfrac{F}{2k} + L_0$

2.16 $F_R' = 4\sqrt{2}$ kN（右偏上 45°）；$M_O = 0.4$ kN·m

2.17 $F_{Ax} = 0$，$F_{Ay} = F$（↑）；$F_B = 0$

2.18 $F_{AB} = 5$ N（拉杆）；$M_2 = 3$ N·m

2.19 $F_R = 98.06$ N；$M_A = 80.25$ N·m（顺时针）

2.20 $F_{NA} = 3.33$ kN，$F_{NB} = 5.33$ kN

2.21 $F_{Ax} = -2.8$ kN（←），$F_{Ay} = 2.1$ kN（↑）；$F_B = 2.8$ kN（→）

第 3 章　空间力系

一、选择题

3.1 D　3.2 C　3.3 A　3.4 C

二、计算题

3.5 $F_{1x} = F_{1y} = 0$，$F_{1z} = 6$ kN

$$F_{2x} = F_{2y} = 1.414 \text{ kN}, \ F_{2z} = 0$$

$$F_{3x} = 2.31 \text{ kN}, \ F_{3y} = -2.31 \text{ kN}, \ F_{3z} = 2.31 \text{ kN}$$

3.6 $M_z = -7.12 \text{ N·m}$

3.7 $M_x(\boldsymbol{F}) = -180 \text{ N·m}, \ M_y(\boldsymbol{F}) = -155.9 \text{ N·m}, \ M_z(\boldsymbol{F}) = 0$

3.8 $F_{NA} = 0.95 \text{ kN}, \ F_{NB} = 0.05 \text{ kN}, \ F_{NC} = 0.5 \text{ kN}$

3.9 $\boldsymbol{F}_R = 0, \boldsymbol{M}_O = (\sqrt{2}-1)Fa\boldsymbol{i} - (\sqrt{2}-1)Fa\boldsymbol{k}$

3.10 $F_R = 0, \ M_C = -50\boldsymbol{i} \text{ kN·m}$

3.11 $a = 350 \text{ mm}$

3.12 $F_2 = 2.19 \text{ kN}$

       $F_{Bz} = -0.14 \text{ kN}, \ F_{Bx} = -1.66 \text{ kN}; \ F_{Az} = 0.35 \text{ kN}, \ F_{Ax} = -1.88 \text{ kN}$

3.13 $F_1 = F_5 = -F, \ F_2 = F_4 = F_6 = 0, \ F_3 = F$

3.14 $F_1 = F_2 = F_4 = F_5 = 0, \ F_3 = -8 \text{ kN}, \ F_6 = -6 \text{ kN}$

3.15   略

3.16 $F_T = 2.4 \text{ kN}, \ F_{OA} = -1.04 \text{ kN}, \ F_{OB} = -1.08 \text{ kN}$

3.17 $N_1 = N_6 = -\dfrac{F}{2}, N_3 = N_4 = 0, N_2 = N_5 = \dfrac{\sqrt{2}}{2}F$

3.18 $0.634a$

3.19 $x_c = 134.11 \text{ mm}, \ y_c = 139.93 \text{ mm}$

第 4 章   静力学应用专题

一、概念题

4.1   B

4.2   C

4.3   a、b、d, c

4.4   3 杆，7 杆

4.5 BD，AC

4.6   略

二、计算题

4.7　$F_A = 52.5 \text{ kN}(\uparrow)$；$F_{Ex} = 0 \text{ kN}$，$F_{Ey} = 37.5 \text{ kN}(\uparrow)$，$M_E = 65 \text{ kN·m}$（↶）

4.8　(a)$F_{Ax} = 0 \text{ kN}$，$F_{Ay} = 6 \text{ kN}(\uparrow)$，$M_A = 32 \text{ kN·m}$（↶），$N_C = 18 \text{ kN}(\uparrow)$；

　　(b)$F_{Ax} = 0 \text{ kN}$，$F_{Ay} = -15 \text{ kN}(\downarrow)$，$N_B = 40 \text{ kN}(\uparrow)$，$N_D = 15 \text{ kN}(\uparrow)$

4.9　$F_{Ax} = 0 \text{ kN}$，$F_{Ay} = 2.5 \text{ kN}(\uparrow)$，$M_A = 10 \text{ kN·m}$；$F_{By} = 1.5 \text{ kN}(\uparrow)$

4.10　$F_{AC} = 8 \text{ kN}$（拉力），$F_{BC} = 6.93 \text{ kN}$（压力）

4.11　$F_{Ax} = \dfrac{\sqrt{3}M}{9a}$，$F_{Ay} = 2qa - \dfrac{M}{3a}$，$M_A = \dfrac{2}{3}M - 2qa^2$；$F_{Ex} = -\dfrac{\sqrt{3}M}{9a}$，$F_{Ey} = \dfrac{M}{3a}$

4.12　$F_{Ax} = 0 \text{ kN}$，$F_{Ay} = 3 \text{ kN}(\uparrow)$，$M_A = 4 \text{ kN·m}$（↶）；$F_{By} = 3 \text{ kN}(\uparrow)$

4.13　$F_{Ax} = 2qa(\rightarrow)$，$F_{Ay} = -\dfrac{qa}{2}(\uparrow)$，$M_A = \dfrac{5}{2}qa^2$（↶）；$F_{By} = \dfrac{qa}{2}(\uparrow)$；$F_{Cx} = -qa(\leftarrow)$

4.14　$F_{Ax} = -\dfrac{F}{2}$，$F_{Ay} = \dfrac{ql}{2}$，$M_A = -\dfrac{ql^2}{3}$；$F_{CD} = \dfrac{M}{l} - \dfrac{F}{2}$

4.15　$F_{Ax} = F_{Ay} = 0 \text{ kN}$；$F_{Bx} = 50 \text{ kN}(\leftarrow)$，$F_{By} = 100 \text{ kN}(\uparrow)$

4.16　$F_{Ax} = F_{Bx} = ql^2/8h$，$F_{Ay} = F_{By} = ql/2$（↑）

4.17　$F_{CD} = -F$，$F_{GF} = 0$，$F_{GD} = 2\sqrt{2}F$

4.18　$F_1 = F/2$，$F_2 = F/2$

4.19　图（a）会滑动，图（b）静止

4.20　立方体先滑动

4.21　$F_{min} = 2.37 \text{ kN}$

4.22　（1）平衡，0.66 N；（2）不平衡

4.23　$2P（1 - r/R）$

4.24　$F_4/F_5 = 0.5$

第 5 章　轴向拉伸与压缩

一、是非题

5.1　√　　　5.2　×　　　5.3　×　　　5.4　√　　　5.5　√　　　5.6　×

二、选择题

5.7　A　　　5.8　A　　　5.9　D　　　5.10　A　　　5.11　A

5.12　A　　5.13　B　　5.14　A　　5.15　D　　5.16　D

5.17　C　　5.18　C

三、填空题

5.19　超静定（静不定）　　5.20　0　　5.21　1/3

5.22　弹性阶段　屈服阶段　强化阶段

5.23　圣维南　　　　　　5.24　70 GPa　　0.33

5.25　延伸率（伸长率）　断面收缩率　　5.26　比例极限

四、计算题

5.27　（1）$\sigma_{\max} = \sigma_{BC} = 100\,\text{MPa} < [\sigma]$，强度足够；（2）$\Delta l = 0.75\,\text{mm}$

5.28　（1）轴力图（略）；（2）$\sigma_{AC} = -2.5\,\text{MPa}$，$\sigma_{CB} = -6.5\,\text{MPa}$；

　　　（3）$\varepsilon_{AC} = -2.5 \times 10^{-4}$，$\varepsilon_{CB} = -6.5 \times 10^{-4}$；（4）$\Delta l = -1.35\,\text{mm}$

5.29　（1）$\Delta_B = 2\varepsilon a$；（2）$\Delta_B = \dfrac{4Fa}{EA}$

5.30　$F_{N1} = \dfrac{2E_1 A_1 F}{4E_2 A_2 + E_1 A_1}$，$F_{N2} = \dfrac{4E_2 A_2 F}{4E_2 A_2 + E_1 A_1}$

5.31　$\Delta_{By} = 3\sqrt{2} + 1.5 = 5.74\,\text{mm}$

5.32　$F_{N1} = F_{N2} = 2.5\,\text{kN}$，$F_{N3} = 5.86\,\text{kN}$

5.33　$y_C = 0.50\,\text{mm}$（↓），$x_C = 0.50\,\text{mm}$（→）

5.34　$\Delta_{BC} = (2 + \sqrt{2})\,FL/EA$

5.35　$F_{N1} = F$，$F_{N2} = \dfrac{F}{4}$，$F_{N3} = -\dfrac{F}{2}$；$\alpha = \dfrac{7Fl}{16aEA}$（↶），$\theta = \dfrac{5Fl}{16aEA}$（↷）

第6章　剪切与挤压

一、选择题

6.1　B　　6.2　B　　6.3　A　　6.4　D　　6.5　D

二、计算题

6.6　$\tau = 23.9\,\text{MPa} < [\tau]$，满足强度条件

6.7　$d : h = 2.4$

6.8　$d = 50\,\text{mm}$，$b = 100\,\text{mm}$

6.9　$\sigma_{\text{bs},ab} = 4.996\,\text{MPa}$，$\sigma_{\text{bs},bc} = 0.75\,\text{MPa}$，$\tau = 0.812\,\text{MPa}$

6.10 $\tau_{\max} = 4.096F / \pi d^2$

6.11 筒盖每边 64 个，筒壁每边 36 个

6.12 $\tau = 79.6\,\text{MPa}$，$\sigma_{\text{bs}} = 31.25\,\text{MPa}$，螺栓满足强度要求

6.13 均满足条件

6.14 $F \geqslant 236\,\text{kN}$

第 7 章　扭　转

一、是非题

7.1 √　　7.2 ×　　7.3 √　　7.4 ×

二、选择题

7.5 C　　7.6 C　　7.7 D　　7.8 A　　7.9 B

7.10 A　　7.11 C　　7.12 C　　7.13 D　　7.14 A

7.15 D　　7.16 C　　7.17 D

三、计算题

7.18 $\tau_{\max} = 59.68\,\text{MPa} < [\tau]$，强度足够

7.19 $M_A = \dfrac{bM}{a+b}$，$M_B = \dfrac{aM}{a+b}$，$\varphi_{CA} = -\dfrac{abM}{GI_P(a+b)}$

7.20 扭矩图（略），$D = 24\,\text{mm}$，$\theta = 0.88°/\text{m} < [\theta]$；刚度足够

7.21 （1）$m = 9.76\,\text{N·m/m}$

　　（2）扭矩图（略），$\tau_{\max} = 17.78\,\text{MPa} < [\tau]$；强度足够

　　（3）$\phi = 8.49°$

7.22 $\tau_{圆管} = 80.5\,\text{MPa} > [\tau]$，$\tau_{圆盘} = 42.3\,\text{MPa} < [\tau]$，$\tau_{圆轴} = 57.3\,\text{MPa} < [\tau]$，

　　$\phi_D = 2.65 \times 10^{-2}\,\text{rad}$

第 8 章　弯　曲

一、是非题

8.1 √　　8.2 √　　8.3 √　　8.4 ×　　8.5 ×

8.6 √   8.7 ×   8.8 ×   8.9 ×   8.10 ×

二、选择题

8.11 C   8.12 D   8.13 C   8.14 B   8.15 C
8.16 B   8.17 B   8.18 C   8.19 D   8.20 B
8.21 B   8.22 B   8.23 D   8.24 D   8.25 B

三、计算题

8.26 $\sigma_{t, max} = \dfrac{9ql^2}{250bh^2}$，$\sigma_{c, max} = \dfrac{21ql^2}{250bh^2}$

8.27 内力图（略）；$\sigma_{max} = 106.67 \text{ MPa} < [\sigma]$，$\tau_{max} = 3 \text{ MPa} < [\tau]$

8.28 $\sigma_E = 117.19 \text{ MPa}$，$\tau_E = 4.7 \text{ MPa}$；$\sigma_F = 234.38 \text{ MPa}$，$\tau_F = 0$

8.29 $h = 208 \text{ mm}$，$b = 139 \text{ mm}$

8.30 $\sigma_{max}^{+} = 41.39 < [\sigma_{+}]$，$\sigma_{max}^{-} = 82.78 < [\sigma_{-}]$；梁的强度足够

8.31 $a = 2.12 \text{ m}$，$q = 25 \text{ kN/m}$

8.32 $y_{max} = \dfrac{5Fl^3}{6EI}(\downarrow)$，$\theta_{max} = \dfrac{Fl^2}{2EI}$（⤸）

8.33 $y_C = \dfrac{5qa^4}{24EI}(\downarrow)$，$\theta_C = -\dfrac{qa^3}{4EI}$（⤸）；$y_D = \dfrac{qa^4}{24EI}(\downarrow)$

第9章　应力状态理论和强度理论

一、填空题

9.1　57   − 7   9.2　40 MPa   0 MPa   − 40 MPa   9.3　$\sqrt{\sigma^2 + 4\tau^2} \leqslant [\sigma]$

二、计算题

9.4 （a）$\tau_{max} = \dfrac{\sigma}{2}$；（b）$\tau_{max} = 0$

9.5 （a）$\sigma_{60°} = + 12.5 \text{ MPa}$，$\tau_{60°} = - 65 \text{ MPa}$
　　（b）$\sigma_{157.5°} = 21.2 \text{ MPa}$，$\tau_{157.5°} = - 21.2 \text{ MPa}$
　　（c）$\sigma_a = 70 \text{ MPa}$，$\tau_a = 0$

9.6　脆性材料$[\sigma] = [\tau]$，塑性材料$\tau = [\sigma]/2$

9.7　$\sigma_1 = 60 \text{ MPa}$，$\sigma_2 = 31.23 \text{ MPa}$，$\sigma_3 = - 51.23 \text{ MPa}$，$\tau_{max} = 55.6 \text{ MPa}$

9.8　1 点：$\sigma_1 = \sigma_2 = 0$，$\sigma_3 = -120$ MPa

　　　2 点：$\sigma_1 = 36$ MPa，$\sigma_2 = 0$，$\sigma_3 = -36$ MPa

　　　3 点：$\sigma_1 = 70.3$ MPa，$\sigma_2 = 0$，$\sigma_3 = -10.3$ MPa

　　　4 点：$\sigma_1 = 120$ MPa，$\sigma_2 = \sigma_3 = 0$

9.9　（1）$\sigma_1 = 150$ MPa，$\sigma_2 = 75$ MPa，$\tau_{极} = 37.5$ MPa

　　　（2）$\sigma_a = 131$ MPa，$\tau_a = -32.5$ MPa

第 10 章　压杆稳定

一、选择题

10.1　B　　　10.2　B　　　10.3　D　　　10.4　B

二、计算题

10.5　$F_{cr} = 100.7$ kN

10.6　$F_{cr} = 37.1$ kN，$F_s = 516$ kN

10.7　$F_{max} = 85.45$ kN

10.8　15.5 kN

10.9　钢杆 62.9 mm，铝杆 62.2 mm

10.10　$F = 216.1$ kN

10.11　$a = 4.93$ cm，$F_{cr} = 443.8$ kN

10.12　$d = 25$ mm

10.13　$n = 8.25 > [n_w]$，稳定性足够

第 11 章　组合变形

11.1　$\sigma_{tmax} = 63.8$ MPa，$\sigma_{cmax} = -65.2$ MPa

11.2　$[q] = 7.48$ kN/m

11.3　$[F] = 45$ kN

11.4 开槽前 $\sigma = \dfrac{F}{a^2}$；左边开槽后 $\sigma_{y\,max} = \dfrac{8F}{3a^2}$；两边开槽 $\sigma = \dfrac{2F}{a^2}$

11.5 $d \geqslant 34.7$ mm

11.6 $[F] = 1\,792$ N

11.7 $[F] = 610$ N

11.8 $d \geqslant 51.9$ mm

第 12 章 动载荷及疲劳强度概述

12.1 （1）冲击载荷 $F_d = 6$ kN；（2）最大冲击正应力 $\sigma_{dmax} = 15$ MPa，最大冲击挠度 $\omega_{dmax} = 20$ mm

12.2 下降至原来的 44%

12.3 略

12.4 静应力 a>c>b>d，动应力 a>b>c = d

12.5 （1）$\sigma_{dmax} = 15.4$ MPa；（2）$\sigma_{dmax} = 3.69$ MPa，24%

12.6 $\tau_{d\,max} = \omega \sqrt{\dfrac{2GI_x}{Al}}$

12.7 $\Delta\sigma = 82.29$ MPa，$[\Delta\sigma] = 96.85$ MPa，$\Delta\sigma < [\Delta\sigma]$，满足疲劳强度要求

第 13 章 工程力学综合自测题

工程力学自测题 1

一、判断题

1. 错　　2. 对　　3. 错　　4. 对　　5. 对

二、填空题

1. 0，0，$2Fl$，顺时针

2. 6、8、9、10、11

3. $\Delta l = 1.06 \text{ mm}$，$\tau_{\max} = 56.6 \text{ MPa}$

4. 15 kN

5. $\alpha\tau$

三、选择题

1. A   2. A   3. B   4. B   5. D

四、计算题

1. $F_A = F_B = 3q = 6 \text{ kN}$，$F_{AD} = \dfrac{3}{2}\sqrt{5} = 3.35 \text{ kN}$，$F_{BD} = 3.35 \text{ kN}$，$F_{CD} = -3 \text{ kN}$

2. （1）$\varphi_B = -0.065\,4 \text{ rad}$；（2）$\sigma = 37.73 \text{ MPa}$，$\tau = 75.45 \text{ MPa}$

   （3）$\sigma_{r4} = \sqrt{\sigma^2 + 3\tau^2} = 136.02 \text{ MPa} < [\sigma]$，轴的强度足够

3. 如图 1 所示

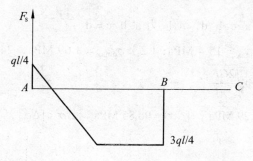

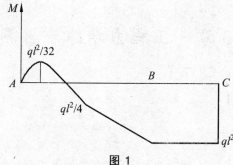

图 1

4. 结构不安全

工程力学自测题 2

一、判断题

1. 对 　 2. 对 　 3. 对 　 4. 错 　 5. 错

二、填空题

1. $\dfrac{m}{\sqrt{2}a}$，由 A 指向 C

2. AC，BC

3. 72 kN，垂直向上；148 kN，垂直向上

4. 弯曲，弯曲与压缩组合，弯曲

5. 0，α，$\alpha+\beta$

三、选择题

1. C 　 2. A 　 3. A 　 4. B 　 5. B

四、计算题

1. $\sigma_{铜}=15\ \text{MPa}$，$\sigma_{钢}=30\ \text{MPa}$，$\Delta l=0.03\ \text{mm}$

2. $d=75.8\ \text{mm}$，$\tau_{\max}=23.3\ \text{MPa}$

3. $h=0.3\ \text{m}$；$\sigma^{-}_{\max}=4.44\ \text{MPa}$

4. $d_{AB}\geqslant 0.025\,8\ \text{m}$，$d_{AC}\geqslant 0.035\,7\ \text{m}$

工程力学自测题 3

一、判断题

1. 错 　 2. 错 　 3. 对 　 4. 对 　 5. 错

二、填空题

1. $\sigma_1=100\ \text{MPa}$，$\sigma_2=0$，$\sigma_3=-100\ \text{MPa}$

2. $200\sqrt{3}\ \text{kN}$，$56.57\ \text{kN·m}$

3. $\dfrac{2\sqrt{\pi}}{3}$

4. $\sqrt{\left(\dfrac{F_{\mathrm{N}}}{A}+\dfrac{M}{W}\right)^2+4\left(\dfrac{M_x}{W_t}\right)^2}$

5. 圆形，正方形

三、选择题

1. B　　2. A　　3. A　　4. A　　5. C

四、计算题

1. $F_{BD} = 106.7\,\text{kN}$，$F_{Ax} = -136\,\text{kN}$，$F_{Ay} = -48\,\text{kN}$

2. $M_x \leqslant 29.45\,\text{N·m}$，$l \leqslant 0.419\,\text{m}$

3. $[F] = 5.76\,\text{kN}$，$\Delta l = \Delta l_1 + \Delta l_2 = 0.8\,\text{m}$

4. $\sigma_{r3} = \sigma_1 - \sigma_3 = 178.74\,\text{MPa} < [\sigma]$，强度足够

工程力学自测题 4

一、判断题

1. 对　　2. 错　　3. 错　　4. 错　　5. 对

二、填空题

1. $F_{1x} = \dfrac{\sqrt{2}}{2}\,\text{kN}$, $F_{1y} = 0$, $F_{1z} = \dfrac{\sqrt{2}}{2}\,\text{kN}$；$F_{2x} = -\dfrac{\sqrt{3}}{3}\,\text{kN}$, $F_{2y} = -\dfrac{\sqrt{3}}{3}\,\text{kN}$, $F_{2z} = \dfrac{\sqrt{3}}{3}\,\text{kN}$

$$M_x(\boldsymbol{F}_1) = \frac{\sqrt{2}}{2}\,\text{kN·m},\ M_y(\boldsymbol{F}_1) = 0,\ M_z(\boldsymbol{F}_1) = -\frac{\sqrt{2}}{2}\text{kN·m}$$

$$M_x(\boldsymbol{F}_2) = \frac{\sqrt{3}}{3}\,\text{kN·m},\ M_y(\boldsymbol{F}_1) = -\frac{\sqrt{3}}{3}\,\text{kN·m},\ M_z(\boldsymbol{F}_1) = 0$$

2. $\dfrac{F}{A}$，$\dfrac{F}{2A}$

3. AC 和 DB，CD

4. b>c>a

5. 4 : 1

三、选择题

1. C　　2. B　　3. B　　4. B　　5. B

四、计算题

1. $\sigma_{r3} = 99.44\,\text{MPa} < [\sigma]$，杆的强度足够

2. $\theta_B = -\dfrac{ql^3}{8EI}(\ \searrow\ )$，$w_D = \dfrac{5ql^4}{48EI}(\downarrow)$

3. $\left| F_s \right|_{max} = 2qa$, $\left| M \right|_{max} = 2qa^2$

4. $[F] = 67.97 \text{ kN}$

工程力学自测题 5

一、判断题

1. 对　　2. 错　　3. 对　　4. 错　　5. 错

二、填空题

1. $\dfrac{3l}{2d}$

2. σ , 0 , 0 , $\dfrac{\sigma}{2}$

3. $\theta_C = \dfrac{ql^3}{24EI}$, $w_C = \dfrac{ql^4}{48EI}$

4. $\gamma(l-x)$, $\gamma(l-x)$

5. 1/8 , 1/16

三、选择题

1. D　　2. C　　3. C　　4. A　　5. B

四、计算题

1. $I_z \geqslant 0.010\,4 \text{ m}^4$

2. $\tau_{max} = 69.8 \text{ MPa}$, $\varphi_{DA} = 0$

3. （1）强度足够；（2）强度足够

4. $\sigma_{max}^+ = 18.94 \text{ MPa} < [\sigma_t]$, $\sigma_{max}^- = 30.18 \text{ MPa} < [\sigma_c]$, $\sigma_{max}^+ = 15.09 \text{ MPa} < [\sigma_t]$, 梁的强度足够

工程力学自测题 6

一、判断题

1. 对　　2. 对　　3. 错　　4. 错　　5. 对

二、填空题

1. $F\cos\theta \cdot h - F\sin\theta \cdot l$

2. 力螺旋

3. 静止不动

4. $\dfrac{(1-\alpha^4)^{\frac{2}{3}}}{1-\alpha^2}$

5. $-20\,\text{kN}$, $-10\,\text{kN}$, $10\,\text{kN}$

三、选择题

1. A 2. D 3. C 4. C 5. A

四、计算题

1. $F_{Ax}=-3.27\,\text{kN}(\rightarrow)$, $F_{Ay}=2.8\,\text{kN}(\leftarrow)$,

   $F_{Bx}=3.27\,\text{kN}(\rightarrow)$, $F_{By}=0$,

   $F_1=3.27\,\text{kN}$（拉）, $F_2=-4.62\,\text{kN}$（压）, $F_3=-3.27\,\text{kN}$（压）

2. $-\dfrac{\sqrt{3}}{2}F$

3. （1）$M_{max}=25.7\times10^3\,\text{N}\cdot\text{m}$；（2）$\tau_{max}=139.61\,\text{MPa}$

4. $\sigma_{max}^{+}=63.56\,\text{MPa}>[\sigma]^{+}$，梁强度不够

工程力学自测题 7

一、判断题

1. 对 2. 错 3. 对 4. 错 5. 错

二、填空题

1. ② ② ①

2. 轴向拉压变形 剪切变形 扭转变形 弯曲变形

3. 2∶1

4. 4

5. 指向力 F 与 BC 连线的交点

三、选择题

1. A 2. D 3. B 4. C 5. D

四、计算题

1. （1）$F_{BC} = \dfrac{2F}{1+\sqrt{3}}$，$F_{AC} = \dfrac{2F}{\sqrt{2}+\sqrt{6}}$；（2）$[F] = 643.7$ kN

2. $|F_s|_{max} = \dfrac{5ql}{4}$，$|M|_{max} = ql^2$

3. $F_{min} = P\tan(2\varphi + \alpha) = 946$ kN

4. $M_2 = \dfrac{\sqrt{3}}{5}$ kN·m，$F_{AB} = \dfrac{4\sqrt{3}}{3}$ kN （压）

工程力学自测题 8

一、判断题

1. 对   2. 错   3. 错   4. 错   5. 对

二、填空题

1. $F_{Ax} = F(\leftarrow)$，$F_{Ay} = 6qa(\uparrow)$，$M_A = M_2 - M_1 + 4Fa + 12qa^2$（⤺）

2. M

3. 力的平移定理

4. 边界条件 $w_A = w_B = 0$，连续性条件 $\theta_{C左} = \theta_{C右}$，$w_{C左} = w_{C右}$

5. $\dfrac{\pi d^2}{4}$，πda

三、选择题

1. C   2. C   3. C   4. C   5. D

四、计算题

1. $x = 2.74$ m

2. $F_{NEC} = -2.4$ kN，$F_{NAC} = 0.67$ kN，$F_{NBC} = -3.07$ kN

3. 结构的强度足够

4. $w_A = \dfrac{2ql^4}{3EI}(\downarrow)$，$\theta_B = \dfrac{ql^3}{3EI}$（↘）

工程力学自测题 9

一、判断题

1. 错　　2. 对　　3. 对　　4. 对　　5. 对

二、填空题

1. $\tau_{1\max} = \dfrac{3}{8}\tau_{2\max}$

2. $I_y = \dfrac{bh^3}{3}$

3. $\rho = \dfrac{2EI}{ql^2}$

4. $\sum F_x = 0, \sum F_y = 0, \sum F_z = 0$

5. 8.66 kN

三、选择题

1. A　　2. C　　3. C　　4. B　　5. D

四、计算题

1. （1）$F_{NCD} = 200$ kN，$F_{NBC} = -100$ kN，$F_{NAB} = 400$ kN；

　　（2）$\sigma_{CD} = 200$ MPa；

　　（3）$\Delta l_{AD} = 0.58$ mm

2. 选轴径 45 mm

3. $F_{Ax} = 66.7$ kN，$F_{Ay} = 50$ kN，$F_{EF} = -94.3$ kN，$F_{CG} = 16.7$ kN

4. $\dfrac{M\sin(\beta-\varphi)}{l\cos\beta\cos(\theta-\varphi)} \leqslant F \leqslant \dfrac{M\sin(\beta+\varphi)}{l\cos\beta\cos(\theta+\varphi)}$

工程力学自测题 10

一、判断题

1. 对　　2. 错　　3. 错　　4. 错　　5. 对

二、填空题

1. $\dfrac{\pi D^3\left[1-\left(\dfrac{d}{D}\right)^4\right]}{16}$

2. b 点和 d 点

3. $\dfrac{1}{8}$

4. 如图 1 所示

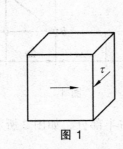

图 1

5. $M_x = Fl$ ，$F_{sy} = -F$ ，$M_z = -Fa$

三、选择题

1. B 　 2. B 　 3. B 　 4. D 　 5. A

四、计算题

1. $F_{Ax} = -400$ N，$F_{Ay} = 1\,000$ N，$M_A = 3.4$ kN·m

2. $\sigma_{max} = 115$ MPa

3. $\varepsilon_1 = \dfrac{(1+\mu)}{E} \dfrac{16 M_e}{\pi d^3}$

4. 圆轴安全

工程力学模拟试题 1

一、概念题

1. A 　 2. 过 A 点平行于 BG 连线 　 3. A 　 4. B 　 5. A 　 6. C 　 7. D
8. C 　 9. B 　 10. B

二、计算题

1. 解：（1）取截面 m—m，研究右半部分，如图 1 所示。有

$$\sum M_B(\boldsymbol{F}) = 0 , \quad F_4 = \frac{4F}{3}$$

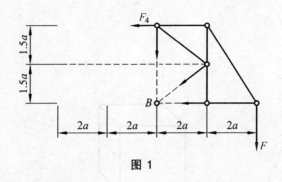

图 1

（2）取截面 $n—n$，研究右半部分，如图 2 所示。有

$$\sum M_C(\boldsymbol{F}) = 0 , \quad F_1 = 2P$$

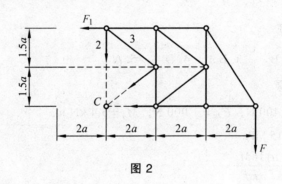

图 2

（3）研究节点 A，如图 3 所示。又 $\sin\alpha = 0.6$，$\cos\alpha = 0.8$。有

$$F_4 + F_3 \cos\alpha - F_1 = 0$$
$$F_2 + F_3 \sin\alpha = 0$$

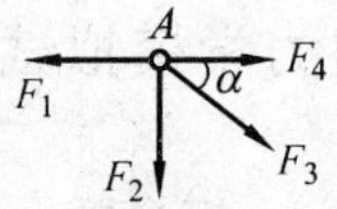

图 3

解得 $F_2 = -P/2$，$F_3 = 5P/6$

2. 解：画出扭矩图如图 4 所示。

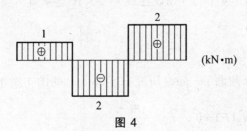

(kN·m)

图 4

则

$$\varphi_{BC} = \frac{32 M_{n,BC} l_{BC}}{G \pi d^4} = \frac{32 \times (-2 \times 10^3) \times 0.4}{8 \times 10^4 \times 10^6 \times \pi \times 80^4 \times 10^{12}} = -0.248 \times 10^{-2}\,\text{rad}$$

$$\varphi_D = \varphi_{DA} = \frac{M_{n,AB} l_{AB}}{G I_P} + \frac{M_{n,BC} l_{BC}}{G I_P} + \frac{M_{n,CD} l_{CD}}{G I_P} = 0.124 \times 10^{-2}\,\text{rad}$$

3. 解：画出轴力图如图 5 所示。

$$\Delta l = \Delta l_1 + \Delta l_2 + \Delta l_3$$

$$= \frac{F_{N1} \cdot \dfrac{l}{3}}{EA} + \frac{F_{N2} \cdot \dfrac{l}{3}}{EA} + \frac{F_{N3} \cdot \dfrac{l}{3}}{EA} = \frac{14Fl}{EA}$$

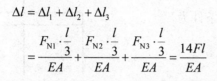

图 5

4. 解：（1）取 BC 梁，画受力图，如图 6 所示。

$$\sum F_y = 0\,, \quad F_{By} + F_C \cos 30° - 20 \times 3 = 0$$

$$\sum M_B(\boldsymbol{F}) = 0\,, \quad -20 \times 3 \times 1.5 + F_C \cos 30° = 0$$

$$\sum F_y = 0\,, \quad F_{Bx} - F_C \sin 30° = 0$$

解之得

$$F_C = 34.64\,\text{kN}\,, \quad F_{Bx} = 17.32\,\text{kN}\,, \quad F_{By} = 30\,\text{kN}$$

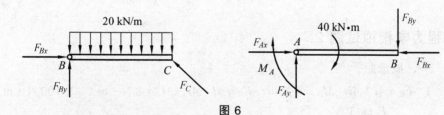

图 6

（2）取 AB 梁，画受力图，如图 6 所示。

$$\sum F_x = 0\,, \quad F_{Ax} - F_{Bx} = 0$$

$$\sum F_y = 0\,, \quad F_{Ay} - F_{By} = 0$$

$$\sum M_A(\boldsymbol{F}) = 0\,, \quad -40 - M_A - 3F_{By} = 0$$

解之得

$$F_{Ax} = 17.32 \text{ kN}, \quad F_{Ay} = 30 \text{ kN}, \quad M_A = 130 \text{ kN} \cdot \text{m}$$

5. 解：设三杆的轴力分别为 F_1、F_2、F_3。取刚性杆为平衡对象，如图 7 所示，由平衡条件得

$$\sum F_y = 0, \quad F_1 + F_2 + F_3 - F = 0 \quad （1）$$

$$\sum M_c(\boldsymbol{F}) = 0, \quad F_1 \cdot a - F_3 \cdot a = 0 \quad （2）$$

从图 8 可以看出，变形协调条件为

$$\Delta l_1 = \Delta l_2 + \delta \quad （3）$$

而 $\Delta l_1 = \dfrac{F_1 l}{EA}$, $\Delta l_2 = \dfrac{F_2(l-\delta)}{EA}$

将其代入到式（3），得补充方程

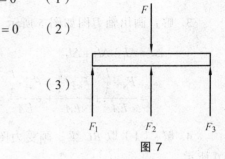

图 7

$$\frac{F_1 l}{EA} = \frac{F_2(l-\delta)}{EA} + \delta$$

又由于 δ 与 1 相比很小，故此上式中等号右边第一式中的 δ 可以略去，因此补充方程为

$$\frac{F_1 l}{EA} = \frac{F_2 l}{EA} + \delta \quad （4）$$

联立解平衡方程（1）、（2）和补充方程（4），就可以求得三杆的轴力 F_1、F_2、F_3。

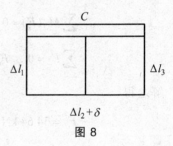

图 8

工程力学模拟试题 2

一、概念题

1. $\boldsymbol{F}_R = 4\boldsymbol{i} + 4\boldsymbol{j}$, $M_O = 4 \text{ N·m}$; $\boldsymbol{F}_R = 4\boldsymbol{i} + 4\boldsymbol{j}$, $M_A = 8 \text{ N·m}$ 2. 100 N·m

3. $f_s = \dfrac{P_2 \tan 30°}{P_1}$ 4. C 5. D 6. D 7. C 8. B

9. 中性轴 10. 转角

二、计算题

1. 解：整体受力分析，如图 1 所示。有

$$\sum M_B(\boldsymbol{F}) = 0, \quad F_C \cdot 2l \cdot \cos\alpha - F(2l\cos\alpha - a\cos\alpha) = 0$$

$$F_C = \frac{F(2l-a)\cos\alpha}{2l \cdot \cos\alpha} = \frac{2l-a}{2l} \cdot F$$

2. 解: 设 A、B 点的力分别为 F_1、F_2, 则

$$\sum F_y = 0, \quad F_1 + F_2 - F = 0$$

$$\sum M_A(\boldsymbol{F}) = 0, \quad F_1 x + F_2(a-x) = 0$$

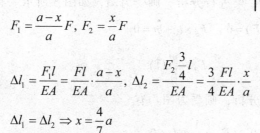

图 1

故此可知

$$F_1 = \frac{a-x}{a}F, \quad F_2 = \frac{x}{a}F$$

$$\Delta l_1 = \frac{F_1 l}{EA} = \frac{Fl}{EA} \cdot \frac{a-x}{a}, \quad \Delta l_2 = \frac{F_2\dfrac{3}{4}l}{EA} = \frac{3}{4}\frac{Fl}{EA} \cdot \frac{x}{a}$$

$$\Delta l_1 = \Delta l_2 \Rightarrow x = \frac{4}{7}a$$

3. 解: 轴力图如图 2 所示。

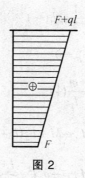

图 2

4. 解: 扭矩图如图 3 所示。

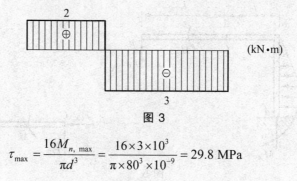

图 3

$$\tau_{\max} = \frac{16M_{n,\max}}{\pi d^3} = \frac{16 \times 3 \times 10^3}{\pi \times 80^3 \times 10^{-9}} = 29.8 \text{ MPa}$$

5. 解：剪力图和扭矩图分别如图 4 所示。

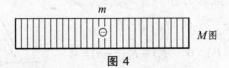

图 4

6. 解：（1）对 BC 梁进行分析，画受力图，如图 5 所示。有

$$\sum M_c(\boldsymbol{F}) = 0, \quad F_B \times l_3 - m = 0$$

$$F_B = \frac{m}{l_3}(\uparrow)$$

（2）取整体进行分析，画受力图。有

$$\sum F_x = 0, \quad F_{Ax} + \frac{1}{2}q_{\mathrm{m}}l_1 = 0$$

$$F_{Ax} = -\frac{1}{2}q_{\mathrm{m}}l_1(\leftarrow)$$

$$\sum F_y = 0, \quad F_{Ay} + F_B = 0$$

$$F_{Ay} = -\frac{m}{l_3}(\downarrow)$$

$$\sum M_A(\boldsymbol{F}) = 0, \quad M_A - M + F_B(l_2 + l_3) - \frac{1}{2}q_{\mathrm{m}}l_1 \cdot \frac{l_1}{2} = 0$$

$$M_A = \frac{1}{6}q_{\mathrm{m}}l_1^2 - \frac{l_2}{l_3}M$$

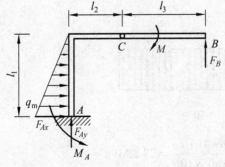
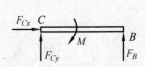

图 5

7. 解：进行受力分析如图 6（a）所示，由

$$\sum M_B(\boldsymbol{F}) = 0 \quad 和 \quad \sum M_A(\boldsymbol{F}) = 0$$

可分别得到

$$F_A = 20 \text{ kN}(\uparrow)$$

$$F_B = 0$$

梁的 F_s 和 M 图如图 6（b）所示。由正应力强度条件得

$$\sigma_{max} = \frac{M_{max}}{W_z} = \frac{20 \times 10^6}{b(2b)^2/6} = \frac{30 \times 10^6}{b^3} \leqslant 10$$

得

$$b \geqslant \sqrt[3]{\frac{30 \times 10^6}{10}} = 144.2 \text{ mm}$$

$$h = 2b = 2 \times 144.2 = 288.4 \text{ mm}$$

梁的最大剪应力为

$$\tau_{max} = \frac{3}{2}\frac{F_s}{A} = 1.5 \frac{20 \times 10^3}{144.2 \times 288.4} = 0.72 \text{ MPa}$$

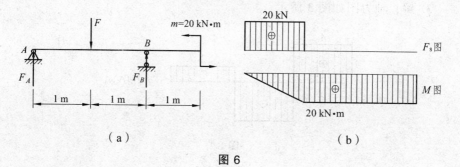

（a）　　　　　　　　　　　　　　　（b）

图 6

工程力学模拟试题 3

一、概念题

1. D　　2. D　　3. C　　4. B　　5. C　　6. A　　7. C　　8. A

9. D　　10. B

二、计算题

1. 解：受力图如图 1 所示。

$$\sum F_x = 0 , \quad F_{Ax} = 0$$

$$\sum F_y = 0 , \quad F_{Ay} - \frac{1}{2}ql = 0$$

$$F_{Ay} = 3 \text{ kN}$$

$$\sum M_A(\boldsymbol{F}) = 0 , \quad M_A - \frac{1}{2}ql \times 2 = 0$$

$$M_A = 6 \text{ kN} \cdot \text{m}$$

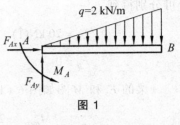

图 1

2. 解：受力分析，由 $\sum M_A(\boldsymbol{F}) = 0$ 得 $F_N = 2F = 40 \text{ kN}$。

CD 杆的伸长量为

$$\Delta l = \frac{F_N l}{EA} = \frac{40 \times 1\,000 \times 2 \times 1\,000}{200 \times 1\,000 \times 200} = 2 \text{ mm}$$

由变形图（图 2）得

$$\delta_B = 2\Delta l = 4 \text{ mm}(\downarrow)$$

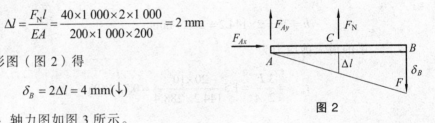

图 2

3. 解：轴力图如图 3 所示。

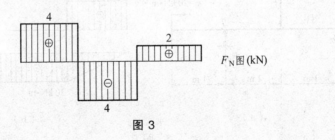

F_N 图 (kN)

图 3

4. 解：剪力图、弯矩图如图 4 所示。

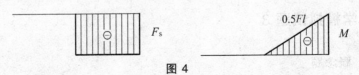

图 4

5. 解：扭矩图如图 5 所示。

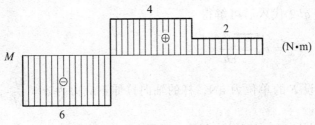

图 5

$$\tau_{\max} = \frac{|M_{\max}|}{W_p} = \frac{6}{\frac{\pi d^4}{32}} = \frac{1.92 \times 10^2}{3.14 \times 16 \times 10^{-8}} = 3.82 \times 10^8 \text{Pa}$$

6. 解：（1）以整体作为研究对象，分析其受力如图6（a）所示，选择3个未知力的汇交点 A、B 为矩心，水平轴为投影轴，列二矩式投影方程为

$$\sum F_x = 0, \quad F_{Ax} - F_{Bx} = 0$$

$$\sum M_A(\boldsymbol{F}) = 0, \quad F_{By}l - ql \times \frac{l}{2} = 0$$

$$\sum M_B(\boldsymbol{F}) = 0, \quad -F_{Ay}l + ql \times \frac{l}{2} = 0$$

解得

$$F_{Ay} = F_{By} = \frac{ql}{2}, \quad F_{Ax} = F_{Bx}$$

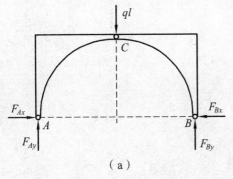

图 6

（2）以左半拱 AC 为研究对象，其受力分析如图6（b）所示。由于 F_{Cx}、F_{Cy} 为不需求的未知力，选其汇交点作为矩心，列出矩式方程为

$$\sum M_C(\boldsymbol{F}) = 0, \quad F_{Ax}h - F_{Ay}\frac{l}{2} + \frac{ql}{2} \times \frac{l}{4} = 0$$

将 $F_{Ay} = ql/2$ 代入后可解得

$$F_{Ax} = F_{Bx} = \frac{ql^2}{8h}$$

7. 解：设 F 的单位为 kN，杆的轴向拉伸正应力为 $\sigma = \dfrac{4F}{\pi d^2}$，即

$$\sigma = \frac{4F}{\pi d^2} = \frac{4 \times F \times 10^3}{\pi \times 10^2} = \frac{40F}{\pi}\,\text{MPa}$$

最大扭转剪应力为

$$\tau = \frac{M_n}{W_P}$$

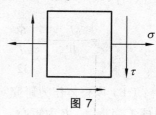

图 7

$$\tau = \frac{M_n}{W_P} = \frac{\dfrac{1}{10}Fd \times 10^3 \times 16}{\pi d^3} = \frac{16F}{\pi}\,\text{MPa}$$

危险点处的应力状态如图 7 所示。

由第三强度理论的强度条件

$$\sigma_{\text{xd}_3} = \sqrt{\sigma^2 + 4\tau^2}$$

$$\sigma_{\text{xd}_3} = \sqrt{\left(\frac{10F}{\pi}\right)^2 + 4\left(\frac{16F}{\pi}\right)^2} \leqslant [\sigma] = 160\ \text{MPa}$$

得 F 容许值为 $F \leqslant 9.8\ \text{kN}$。

参考文献

[1] 西南交通大学应用力学与工程系. 工程力学教程. 北京：高等教育出版社，2009.

[2] 孙训方，方孝淑，关来泰. 材料力学. 4 版. 北京：高等教育出版社，2002.

[3] 刘鸿文. 材料力学. 4 版. 北京：高等教育出版社，2004.

[4] 范钦珊. 工程力学. 北京：清华大学出版社，2005.

[5] 单辉祖. 材料力学问题、例题与分析方法. 北京：高等教育出版社，2006.

[6] 范钦珊，陈艳秋. 材料力学学习指导与解题指南. 北京：清华大学出版社，2005.

[7] 老亮，赵福滨，郝松林，等. 材料力学思考题集. 北京：高等教育出版社，1990.

[8] 沈火明. 理论力学学习指导与能力训练. 成都：西南交通大学出版社，2006.

[9] 沈火明，张明，古滨. 理论力学基本训练. 北京：国防工业出版社，2007.

[10] 范钦珊. 工程力学（静力学和材料力学）. 北京：高等教育出版社，2009.